Carsten Hasberg

Simultane Lokalisierung und Kartierung spurgeführter Systeme

Simultane Lokalisierung und Kartierung spurgeführter Systeme

Schriftenreihe
**Institut für Mess- und Regelungstechnik,
Karlsruher Institut für Technologie**

Band 019

Eine Übersicht über alle bisher in dieser Schriftenreihe erschienenen Bände
finden Sie am Ende des Buchs.

Simultane Lokalisierung und Kartierung spurgeführter Systeme

von
Carsten Hasberg

Dissertation, Karlsruher Institut für Technologie
Fakultät für Maschinenbau
Tag der mündlichen Prüfung: 13. Juli 2011
Referenten: Prof. Dr.-Ing. C. Stiller, Prof. Dr.-Ing. U. Hanebeck

Impressum

Karlsruher Institut für Technologie (KIT)
KIT Scientific Publishing
Straße am Forum 2
D-76131 Karlsruhe
www.ksp.kit.edu

KIT – Universität des Landes Baden-Württemberg und nationales
Forschungszentrum in der Helmholtz-Gemeinschaft

KIT Scientific Publishing 2012
Print on Demand

ISSN 1613-4214
ISBN 978-3-86644-831-5

Simultane Lokalisierung und Kartierung spurgeführter Systeme

Zur Erlangung des akademischen Grades

Doktor der Ingenieurwissenschaften

der Fakultät für Maschinenbau
Karlsruher Institut für Technologie (KIT)
genehmigte

Dissertation

von

DIPL.-ING. CARSTEN HASBERG

Hauptreferent: Prof. Dr.-Ing. C. Stiller
Korreferent: Prof. Dr.-Ing. U. Hanebeck
Tag der mündlichen Prüfung: 13. Juli 2011

Vorwort

Die vorliegende Dissertation entstand während meiner Tätigkeit als wissenschaftlicher Mitarbeiter am Institut für Mess- und Regelungstechnik des Karlsruher Instituts für Technologie unter der Leitung von Prof. Dr.-Ing. Christoph Stiller. Ihm Danke ich für die fachliche Betreuung der Arbeit und die gewährten wissenschaftlichen Freiheiten. Herrn Dr.-Ing. Franz Mesch danke ich für sein Interesse an der Arbeit und die Korrekturhinweise.

Weiterhin Danke ich Herrn Prof. Dr.-Ing. Uwe Hanebeck für die Übernahme des Korreferats und seine Anregungen zu Arbeit.

Allen Mitarbeitern des Instituts, die mich bei der Durchführung unterstützt haben, danke ich für die gute Zusammenarbeit, besonders Herrn Stefan Hensel für seine Geduld und die fruchtbaren Diskussionen. Weiterhin bedanke ich mich bei Herrn Julius Ziegler für wertvolle Anregungen zur Arbeit und bei Nina Steinel, die mich bei kniffligen Grammatikproblemen beriet.

Besonders bedanken möchte ich mich bei den Mitarbeitern des Karlsruher Verkehrsverbundes für die unproblematische Zusammenarbeit bei der Durchführung der Experimente, allen voran Herr Steffen Kage. Außerdem danke ich dem BMWi für die finanzielle Förderung im Rahmen des Projektes DemoOrt Phase 2.

Meiner Familie danke ich herzlich für Ihre Unterstützung.

Karlsruhe, im Juli 2011   Carsten Hasberg

Kurzfassung

Die zuverlässige Bestimmung der Fahrzeugposition ist zur effizienten Nutzung vorhandener Infrastruktur im spurgeführten Schienenverkehr von großer Bedeutung. Voraussetzung für eine flächendeckende Einführung bordautonomer, satellitengestützter Lokalisierungsverfahren sind geometrische Karten des Trassennetzes. Häufig existieren diese Karten jedoch nicht.

Herkömmliche manuelle Verfahren zur Kartierung von Verkehrswegen sind mit hohen Kosten verbunden und beeinträchtigen den laufenden Betrieb. Abhilfe schafft die Verwendung fahrzeuginterner Sensoren. Deren automatisierte Verarbeitung erfordert simultan zur Kartierung der Umgebung die Lokalisierung des Fahrzeugs. Resultierende Abhängigkeiten zwischen der Fahrzeugbewegung und der Karte werden auf diese Weise berücksichtigt.

In dieser Arbeit wird das Problem der simultanen Lokalisierung und Kartierung für spurgeführte Systeme im Zustandsraum modelliert und mit einem rekursiven Verfahren gelöst. Die Modellbildung basiert auf der konsequenten Verwertung der wesentlichen Eigenschaft spurgeführter Fahrzeuge, immer exakt dem Netz aus Trassen zu folgen: Kubische Splinekurven beschreiben die Geometrie dieser Trassen in einem Kurvenatlas und die Fahrzeugbewegung wird in eindimensionalen Kurvenkoordinaten modelliert. Die Bestimmung des Systemzustands erfolgt mit einem konsistenten Schätzverfahren, basierend auf dem Erweiterten Kalman-Filter. Zusätzlich entscheidet ein sequentieller Hypothesentest in Situationen, in denen mehrere konkurrierende Zustandshypothesen bestehen. Die Leistungsfähigkeit des Verfahrens wird an Experimenten im Karlsruher Straßenbahnnetz und auf einer Eisenbahnstrecke im Schwarzwald demonstriert.

Schlagworte: Simultane Lokalisierung und Kartierung – Splinekurve – Spurgeführtes System

Abstract

The reliable determination of the vehicle position is vitally important for an efficient use of existing infrastructure in track guided rail traffic. A precondition for an area wide implementation of vehicle autonomous, satellite based localization systems are geometric maps of the track network. Often these maps are nonexistent.

Conventional manual mapping methods of traffic infrastructure cause high costs and affect the going operation negatively. To avoid this, onboard sensors are used. While there data is processed, mapping and localization have to be performed simultaneously. By this means the resulting dependency between vehicle motion and map are considered.

Throughout this work the problem of simultaneous localization and mapping for track guided systems is modeled in state space and solved recursively. The modeling makes use of the essential characteristic of guided vehicles, that follow the track network at all times exactly: Cubic spline curves describe the track geometry within a curve atlas and the vehicle motion is modeled in one dimensional curve coordinates. The determination of the state is carried out by a consistent estimator, based on the extended Kalman filter. Additionally a sequential hypothesis test resolves situations with several competing hypothesis. The performance is verified by experiments in the track network of Karlsruhe and a railway section in black forest region.

Keywords: simultaneous localization and mapping – spline curve – track guided system

Inhaltsverzeichnis

Symbolverzeichnis

Abkürzungen

1D/2D	ein-/zweidimensional
SLAM	engl. *Simultaneous Localization and Mapping*
EKF	Erweitertes Kalman-Filter
GPS	engl. *Global Positioning System*
IMU	engl. *Inertial Measurement Unit*
C^2	Stetigkeit der 2. Ableitung, Krümmungsstetigkeit
IMM	engl. *Interacting Multiple Model*
BIC	engl. *Bayesian Information Criterion*
MHF	Multi-Hypothesen-Filter
SLQT	sequentieller Likelihood-Quotienten-Test
WSS	Wirbelstromsensorsystem
NIS	engl. *Normalized Innovation Squared*

Notationsvereinbarungen

Skalare	nicht fett, kursiv: $x, y, z, X, Y, Z, \ldots$
Vektoren	fett, nicht kursiv: $\mathbf{x}, \mathbf{y}, \mathbf{X}, \mathbf{Y} \ldots$
Matrizen	fett, nicht kursiv, groß: $\mathbf{A}, \mathbf{B}, \mathbf{C}, \ldots$
Mengen	kalligraphisch, groß: $\mathcal{A}, \mathcal{B}, \mathcal{C}, \ldots$

Indizes

p_x bzw. p_y	x- bzw. y-Komponente des 2D-Vektors $\mathbf{p}$
$s_x(.)$ bzw. $s_y(.)$	x- bzw. y-Komponentenfunktion der ebenen Kurve $s(.)$
$\mathbf{x}_k, \mathbf{z}_k, \ldots$	Größen im k-ten Zeitschritt
$\mathbf{x}_f, \mathbf{F}_f, \ldots$	Größen des Fahrzeuges
$\mathbf{x}_m, \mathbf{F}_m, \ldots$	Größen der Karte (engl. *map*)

Symbole

x, y	kartesische x-, y-Koordinate
$\mathbf{p}, \mathbf{t}, \mathbf{n}$	Positions-, Tangenten-, Normalenvektor
$\mathbf{R}$	Rotationsmatrix
$\mathbf{T}$	Translationsvektor
$\hat{x}$	Schätzwert von x
Δx	Abweichung von x
$\mathbf{x}^{\mathrm{T}}$	Transposition des Vektors $\mathbf{x}$
$:=$	Definition
$x \rightarrow a$	x gegen a
$\max\{.\}$	Maximum einer Funktion
$\|.\|$	Euklidische Norm
$\arg\{.\}$	Argument einer Funktion
$\mathrm{diag}(a_1, \ldots, a_d)$	Matrix mit den Elementen $a_1, \ldots, a_d$ auf der Diagonalen, andere Einträge sind Null
$\dim(\mathbf{x})$	Dimension des Vektors $\mathbf{x}$
$\mathbf{I}_M$	Einheitsmatrix der Dimension $M \times M$
$\mathbf{c}(l)$	2D-Kurve der Fahrzeugtrasse
$\mathbf{c}_n(l)$	2D-Kurve der Trasse $\mathbf{c}(l)$ für $l \in [l_n, l_{n+1}]$
L	Bogenlänge
R	Radius
κ	orientierte Krümmung
A	Klothoidenparameter
$\boldsymbol{\varphi}(l)$	2D-Kurve eines Trassierungselements
$s(l)$	1D-Splinefunktion interpoliert die Stützstellen p_i entlang der Parameter l_i
M	Stützstellenanzahl
$s'(l)$ bzw. $s''(l)$	1. bzw. 2. Ableitung der Funktion $s(l)$ nach l
$\mathbf{q}$	Stützstellenvektor der Funktionswerte $s(l_i) = p_i$
h_i	Differenz der Kurvenparameterwerte l_{i+1} und l_i
$\mathbf{l}$	Vektor der Kurvenparameterwerte l_i
$\mathbf{m}$	Vektor der Momente $m_i = s''(l_i)$
$\mathbf{a}, \mathbf{b}, \mathbf{c}, \mathbf{d}$	Vektor der Splinekoeffizienten a_i, b_i, c_i, d_i
$s_i(l)$	Funktion $s(l)$ für $l \in [l_i, l_{i+1}]$

a_i, b_i, c_i, d_i	Splinekoeffizienten der Funktion $s_i(l)$
$\mathbf{k}$	Maskierungsvektor
$\mathbf{g}(.)$	Funktion zur Berechnung der 1D-Splinefunktion $s(l)$
$\phi_i(.)$	Splinebasisfunktion mit $i = 1, \ldots, M$
$\mathbf{s}(l)$	2D-Splinekurve interpoliert die Stützstellen $\mathbf{p}_i$ entlang der Kurvenparameter l_i
$\mathbf{p}_i = (p_{x,i}, p_{y,i})^{\mathrm{T}}$	2D-Positionsvektor der i-ten Stützstelle mit $i = 1, \ldots, M$
$\mathbf{q}_x$ bzw. $\mathbf{q}_y$	Stützstellenvektor der Funktionswerte $s_x(l_i) = p_{x,i}$ bzw. $s_y(l_i) = p_{y,i}$
$\mathbf{s}_i(l)$	Kurve $\mathbf{s}(l)$ für $l \in [l_i, l_{i+1}]$
$\mathbf{G}(.)$	Funktion zur Berechnung der 2D-Splinekurve $\mathbf{s}(l)$
$\mathcal{N}(x\|\mu_x, \sigma_x^2)$	Wahrscheinlichkeitsdichtefunktion (kurz Dichte) von x der Gauß-Verteilung mit Mittelwert μ_x und Varianz σ_x^2
$\mathcal{N}(\mathbf{x}\|\boldsymbol{\mu}_\mathbf{x}, \boldsymbol{\Sigma}_\mathbf{x})$	Multimodale Dichte der Gauß-Verteilung von $\mathbf{x}$ mit Mittelwertvektor $\boldsymbol{\mu}_\mathbf{x}$ und Kovarianzmatrix $\boldsymbol{\Sigma}_\mathbf{x}$
$p(x)$	Wahrscheinlichkeitsdichtefunktion
$p(x\|y)$	bedingte Wahrscheinlichkeitsdichtefunktion
$\sim$	hat die Verteilung, z. B. $x \sim \mathcal{N}(\mu_x, \sigma_x^2)$
$\mu, \mu_s, \ldots$	Mittelwert
$\boldsymbol{\mu}, \boldsymbol{\mu}_\mathbf{q}, \ldots$	Mittelwertvektor
$\sigma, \sigma_w, \ldots$	Standardabweichung
$\boldsymbol{\Sigma}, \boldsymbol{\Sigma}_\mathbf{w}, \ldots$	Kovarianzmatrix
$\mathcal{D}$	Daten
$\mathcal{M}_j$	j-tes Modell mit $j = 1, \ldots, J$
$\mathbf{x}$	Parametervektor von $\mathcal{M}_j$: $\mathbf{x} = (\mathbf{q}_x^{\mathrm{T}}, \mathbf{q}_y^{\mathrm{T}})^{\mathrm{T}}$
$e, \mathbf{e}, \ldots$	Fehler
$\mathbf{x}_k$	Zustandsvektor
$\boldsymbol{\Sigma}_k$	Kovarianzmatrix des Zustandsvektors $\mathbf{x}_k$
$b_k, \dot{b}_k, \ddot{b}_k$	Bogenlängenposition, -geschwindigkeit, -beschleunigung
$\mathbf{x}_f = (b, \dot{b}, \ddot{b})^{\mathrm{T}}$	Fahrzeugzustand
$\mathbf{x}_m = (\mathbf{q}_x^{\mathrm{T}}, \mathbf{q}_y^{\mathrm{T}})^{\mathrm{T}}$	Kartenzustand
$\mathbf{f}(.), \mathbf{F}$	Systemmodell, Transitionsmatrix
$\boldsymbol{\Gamma}$	Gewichtungsmatrix
$\mathbf{w}, w$	Systemrauschen
λ	Manöverindex

T	Abtastzeit
$\mathbf{z}$	Beobachtung
$\mathbf{h}(.), \mathbf{H}$	Beobachtungsmodell, Beobachtungsmatrix
$\mathbf{v}$	Messrauschen
d	Abstand
d_{fr}	Fréchet-Abstand
$\mathbf{c}(.), \mathbf{C}$	Extrapolationsmodell, Extrapolationmatrix
$\boldsymbol{\eta}, \eta$	Extrapolationsrauschen
$\hat{\mathbf{x}}_{k|k-1}$	Schätzung des Systemzustandes nach zeitlicher Prädiktion
$\hat{\mathbf{x}}_{k|k-1}^{+}$	Schätzung des Systemzustandes nach räumlicher Prädiktion
$\hat{\mathbf{x}}_{k|k}$	Schätzung des Zustandsvektors nach Innovation
$\mathbf{K}_k$	Verstärkungsmatrix des Kalman-Filters (engl. *Kalman gain*)
ϵ_k	normalisierte quadratische Innovation
r_k	Korrelationskoeffizient
$\mathbf{x}_{j,k}$	Systemzustand der j-ten Zustandshypothese mit $j = 1, \ldots, J_k$
$\alpha_{j,k}$	Wahrscheinlichkeit einer Zustandshypothese
J_k	Momentane Anzahl an Zustandshypothesen
$\boldsymbol{\nu}_k$	Messresiduum
$\mathbf{S}_k$	Kovarianzmatrix des Messresiduums
Λ_k	Likelihood-Quotient
A, B	Schwellwerte des SLQT
H_0, H_1	Null-, Alternativhypothese

1 Einleitung

Die Lokalisierung eines Fahrzeugs beschreibt die Bestimmung der Fahrzeugkoordinaten relativ zu einem raumfesten Koordinatensystem. Dabei werden eine Karte der Umgebung und Beobachtungen eines Sensorsystems verwendet [Thrun u. a. 2005]. Die ermittelten Koordinaten können zu jedem Zeitpunkt relativ zu der verwendeten Karte angegeben werden. Die abgeleiteten Informationen nehmen in vielen Anwendungen eine zentrale Rolle ein. Sie werden benutzt, um das Systemverhalten zu optimieren, sicher zu machen oder dem Anwender den Systemzustand zu visualisieren.

Im Rahmen dieser Arbeit wird die Lokalisierung von Schienenfahrzeugen behandelt. Deren Bewegungen folgen einer vorgegebenen mechanischen Spurführung, der Fahrzeugtrasse. Der Verbund aus Fahrzeug und Spurführung wird als spurgeführtes System bezeichnet [Pachl 1999]. Die überwiegende Mehrheit heute im Schienenverkehr eingesetzter Lokalisierungsverfahren beruht auf verteilten Messsystemen. Diese sind entlang des Netzes aus Trassen angebracht und liefern ereignisdiskrete Positionsinformationen. Abhängig von der individuellen Kategorie einer Trasse ist die momentan erreichte Genauigkeit der Lokalisierung sehr unterschiedlich: Während die Fahrzeugposition entlang einer modernen Hochgeschwindigkeitstrasse bis auf wenige Meter bekannt ist, beträgt der Abstand benachbarter Messstellen auf Nebenstrecken häufig mehrere Kilometer. Steigende Anforderungen an die Genauigkeit der Positionsbestimmung, um beispielsweise die Auslastung der vorhandenen Infrastruktur zu steigern, führen so direkt zu einer wachsenden Anzahl solcher Messstellen. Dementsprechend nehmen die Installations- und Wartungskosten zu.

Der Schlüssel zur flächendeckenden Bereitstellung einer präzisen und zuverlässigen Lokalisierung auf allen Fahrzeugtrassen liegt daher in der Vermeidung zusätzlicher ortsfester Messstellen zugunsten fahrzeuginterner Messsysteme. Durch einen erfolgreichen Einsatz dieser Systeme wäre es prinzipiell möglich, eine kontinuierliche Verfolgung jedes Schienenfahrzeugs innerhalb des gesamten Trassennetzes zu garantieren. Autonomer Individualverkehr [Gebauer u. Pree 2008] oder Funktionen zur Kollisionserkennung [Strang u. a. 2006] könnten auf diese Weise umgesetzt werden.

In den letzten Jahren wurden einige bordautonome Lokalisierungssysteme für Schienenfahrzeuge erfolgreich realisiert, die den Navigationssystemen im Automobilbereich [Skog u. Händel 2009] in vielen Punkten ähneln: Wesentliche Informationsquellen sind neben dem verwendeten Messsystem, das den Fahrzeugzustand indirekt beobachtet, ein Bewegungsmodell, das die Fahrzeugkinematik beschreibt, und eine Umgebungskarte. Beispielsweise wurde im Rahmen des Projekts DemoOrt ein derartiges System am Institut für Mess- und Regelungstechnik des Karlsruher Instituts für Technologie entwickelt und für einen Zeitraum von 18 Monaten erfolgreich im regulären Betrieb erprobt [Beisel u. a. 2009]. Die Bestimmung der Fahrzeugposition gelang durch Fusion von Positionsmessungen eines globalen Navigationssatellitensystems (engl. *Global Navigation Satellite System (GNSS)*) mit den Geschwindigkeitsmessungen eines Wirbelstromsensorsystems und einer digitalen Streckenkarte [Böhringer 2008]. Um die Genauigkeit der Lokalisierung zu steigern, wurden zusätzlich Weichenüberfahrungen auf Grundlage der Signale des Wirbelstromsensorsystems wiedererkannt und verarbeitet [Geistler 2007].

Obwohl solche Systeme erfolgreich realisiert werden konnten, ist deren Einführung lediglich in kleinen Ausschnitten des Trassennetzes gelungen. Das größte Hindernis, das einer flächendeckenden Einführung bisher im Weg steht, ist die Verfügbarkeit einer geometrischen Karte des vernetzten Systems aus Fahrzeugtrassen. Da diese in allen realisierten Systemen unverzichtbare Schnittstelle zwischen den GNSS-Beobachtungen und der Netztopologie ist, stellt sie neben der verwendeten Sensorinformation die zweite zentrale Komponente bordautonomer Lokalisierungsverfahren dar.

Obgleich sich die eingesetzten Karten im Detail unterscheiden, beinhalten sie alle prinzipiell sowohl topologische Informationen über die Verbindungen einzelner Trassen als auch über die geometrische Form der einzelnen Trassenelemente. Da die Kenntnis der Netztopologie zum Betreiben eines Schienenverkehrssystems zwingend erforderlich ist, sind topologische Karten verfügbar. Völlig anders ist es um die Verfügbarkeit geometrischer Karten bestellt: Diese existieren in den meisten Fällen gar nicht, weichen teilweise stark von der Realität ab oder liegen nicht in einer geeigneten digitalen Form vor. Ihre Erstellung bzw. die Umwandlung vorhandener analoger Karten stellt einen manuell aufwändigen und fehleranfälligen Prozess dar.

Im Gegensatz zu heute eingesetzten Lokalisierungsmethoden auf Basis des verteilten Messsystems, bei denen ein hoher Wartungs- und Instandhaltungsaufwand anfällt, ist der Einsatz bordautonomer Verfahren geprägt vom Erstellungs- und Wartungsaufwand der verwendeten, geometrischen Karte des Gleisnetzes. Hier besteht ein immenses Automatisierungspotential, das im Rahmen dieser Arbeit genutzt werden soll, um die Attraktivität bordautonomer Lokalisierungsverfahren zu erhöhen und ihre flächendeckende Einführung zu ermöglichen.

1.1 Ziele der Arbeit

Das Ziel der Arbeit ist die Entwicklung eines Verfahrens zur automatisierten Erstellung digitaler geometrischer Karten zur Lokalisierung spurgeführter Fahrzeuge. Um mit klassischen Vermessungsmethoden die notwendige Genauigkeit in einem einzigen Kartierungsschritt zu gewährleisten, ist einmalig ein großer messtechnischer Aufwand notwendig, der häufig den Betrieb des Systems beeinträchtigt und der mit hohen Kosten verbunden ist. Um gleichwertige Messergebnisse zu erzielen, wird der benötigte Aufwand deshalb auf mehrere weniger genaue Messzyklen verteilt, die im täglichen Betrieb durchgeführt werden können. Dazu wird die klassische, sequentielle Abfolge von Kartierung und kartengestützter Lokalisierung aufgebrochen: Wie in Bild 1.1 dargestellt wird eine Kartierung vorgeschlagen, die simultan zur Verwendung der Karte erfolgt und auf einer Initialisierung der Karte aufbaut. Dabei liegt das Hauptaugenmerk auf dem häufig nicht oder nur unvollständig vorhandenen geometrischen Karteninhalt.

Der simultane Prozess aus Kartierung und Lokalisierung wird als Parameterschätzproblem aufgefasst. An die erforderliche Modellierung und das verwendete Schätzverfahren werden dabei eine Reihe von Anforderungen gestellt. Diese basieren auf der Idee, immanente Eigenschaften spurgeführter Systeme bei der Lösung umfassend zu nutzen:

- Ein spurgeführtes System setzt sich aus einem Netz aus Fahrzeugtrassen und einem spurgeführten Fahrzeug zusammen. Das Gesamtmodell des Systems soll flexibel aufgebaut sein, um alle gängigen Fahrzeugtypen und Trassenformen abbilden zu können. Es soll zwischen einem Modell der Fahrzeugbewegung und einem Modell der Umgebung unterscheiden. Beide Komponenten sollen separat ausgetauscht und erweitert werden können.

- Das Modell der Fahrzeugbewegung soll berücksichtigen, dass das spurgeführte Fahrzeug zu jedem Zeitpunkt exakt dem Netz aus Fahrzeugtrassen folgt. Der Übergang zwischen zwei Trassen erfolgt ausschließlich an einer Verzweigung.

- Das Umgebungsmodell soll das verzweigte Netz aus Fahrzeugtrassen systematisch abbilden. Es soll strikt zwischen topologischer und geometrischer Information unterscheiden, damit Vorwissen über die Topologie übersichtlich integriert werden kann. Die zulässigen geometrischen Eigenschaften von Trassen, insbesondere der Formen einzelner Bauteile, sollen berücksichtigt werden.

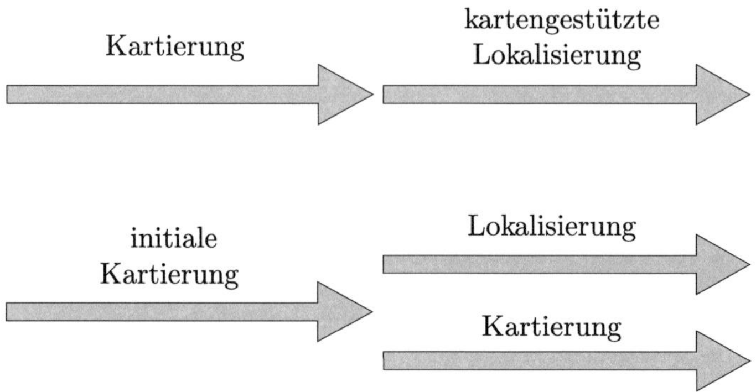

Bild 1.1: Konkurrierende Strategien zur Kartierung einer unbekannten Umgebung [Hanebeck u. a. 2008]: In der oberen Zeile ist die klassische, sequentielle Abfolge aus Kartierung und Lokalisierung dargestellt. Die untere Zeile illustriert die simultane Lokalisierung und Kartierung, die sich an eine initiale Kartierungsphase anschließt.

- Entsprechend den individuellen Formen einzelner Trassen soll die Dimension des Umgebungsmodells automatisiert an die jeweilige Umgebung angepasst werden. Insgesamt soll das Umgebungsmodell die Trassengeometrie kompakt mit einer adäquaten Anzahl an Formparametern beschreiben, auf deren Grundlage dann eine Lokalisierung möglich ist.

- Die Unsicherheit sämtlicher Modellparameter, insbesondere die Unsicherheit der Formparameter des Umgebungsmodells, soll systematisch in das Gesamtmodell integriert und bei der Schätzung berücksichtigt werden. Darüber hinaus sollen auch Zeiträume behandelt werden, in denen die Zuordnung der Fahrzeugpositionen zu einer bestimmten Trasse zunächst nicht bekannt ist, beispielsweise nach dem Passieren einer Verzweigung.

- Durch den Einsatz eines rekursiven Schätzverfahrens soll die schritthaltende Verarbeitung von Beobachtungen ermöglicht werden, um die größtmögliche Aktualität der Schätzung garantieren zu können.

Die Umsetzung der formulierten Anforderungen erfolgt schrittweise: Um die benötigte Umgebungsinformation über das Netz aus Fahrzeugtrassen handhabbar zu machen, wird sie in einem hierarchischen Kurvenatlas kompakt zusammengefasst. Zur mathematischen Beschreibung der Trassen werden global kubische 2D-Splinekurven verwendet. Diese ermöglichen eine präzise Beschreibung unterschiedlichster Trassengeometrien und eignen sich zur Kartierung unverzweigter Abschnitte. Durch die konsequente Kopplung der Karte mit einem 1D-Bewegungsmodell wird die simultane Lokalisierung und Kartierung ermöglicht. Die gleichzeitige Schätzung von Fahrzeug und Karte wird mit einem Bayes-Filter umgesetzt und erfolgt schritthaltend mit dem Eintreffen von Beobachtungen. Aufbauend auf dieser Strategie wird eine Erweiterung zur globalen Lokalisierung und Kartierung verzweigter Abschnitte entwickelt. Experimentell werden die Modelle und Schätzer sowohl mit synthetischen als auch mit experimentell gewonnenen Datensätzen von Straßenbahn- und Eisenbahnstrecken getestet. Die Arbeit liefert damit einen Beitrag zur simultanen Lokalisierung und Kartierung mobiler Systeme. Sie beschreibt ein für spurgeführte Systeme geeignetes Verfahren und dessen experimentelle Validierung im Anwendungsszenario Schienenfahrzeug.

1.2 Einordnung der Arbeit

In vielerlei Hinsicht vergleichbar mit Schienenfahrzeugen sind Automobile, die sich entlang von Straßen bzw. Fahrstreifen bewegen. Aus diesem Grund wird im Rahmen dieser Einordnung nicht zwischen fahrstreifen- und schienengeführten Fahrzeugen unterschieden.

Klassischerweise erfolgt die Vermessung von Verkehrswegen mit Methoden aus dem Fachgebiet der Vermessungskunde[1]. Diese beruhen in der Regel auf optischen, trigonometrischen Messungen und vermehrt auch auf dem Einsatz satellitenbasierter Methoden. In jedem Fall ist der manuelle Aufwand hoch und die Verfügbarkeit von aktuellen Karten häufig begrenzt.

Alternativ dazu wurden in den letzten Jahren unterschiedliche Strategien vorgeschlagen, um den manuellen Aufwand zu reduzieren. Die Hauptunterschiede zur klassischen Vermessung sind zum einen die verwendeten Sensoren und zum anderen die neuartigen Strategien zur Aufzeichnung von Messungen und Messsequenzen im laufenden Betrieb. Eine verbreitete Methode beruht auf der Extraktion charakteristischer Merkmale in georeferenzierten Luftbildern und der Anpassung deformierbarer Modelle auf der Grundlage der so gewonnenen Merkmale [Amo u. a. 2006]. Aktuelle Arbeiten beziehen dabei auch vorhandene Vektorkarten der Straßen mit ein [Song u. a. 2009]. Andere Arbeiten verwenden Regressionsmethoden oder verwandte Verfahren aus dem Bereich des Maschinellen Lernens, um

---

[1]Die Vermessungskunde beschäftigt sich mit Lagemessungen (Horizontalmessungen) und Höhenmessungen (Vertikalmessungen) und den daraus resultierenden Berechnungen. Im Gegensatz dazu befasst sich die Geodäsie (griech. für Erdteilung) mit der Erdvermessung und der Landesvermessung. Aufgrund der großen betrachteten Gebiete ist es dabei u. a. notwendig, die Schwerebeschleunigung zu berücksichtigen [Matthews 2003].

beispielsweise aus Positionsbeobachtungen Kurvenverläufe offline zu bestimmen und so Verkehrswege zu kartieren: In den Arbeiten von [ONeil 2001], [Ulmke u. Koch 2006b] und [Sklarz u. a. 2008] werden zu diesem Zweck aufgezeichnete Sequenzen von Radarmessungen bewegter Ziele zur Extraktion der Straßenverläufe verwendet. Die Ansätze in [Rogers 2000], [Brüntrup u. a. 2005] und [Guo u. a. 2007] nutzen stattdessen GPS-Datensätze.

Die Verfahren unterscheiden sich dabei sowohl bei den verwendeten Kurventypen als auch bei den eingesetzten Schätzstrategien. In den Arbeiten von [ONeil 2001], [Ulmke u. Koch 2006b] und [Brüntrup u. a. 2005] wird der Verlauf der Spurführung als Polygonzug modelliert. Die Verarbeitung von Beobachtungen zur Aktualisierung der Karte erfolgt durch Anpassung der jeweils nächstgelegenen Stützstelle. In [Ulmke u. Koch 2006b] wird zusätzlich, abhängig von der Richtungsabweichung zwischen Karte und Beobachtung, eine zusätzliche Stützstelle ergänzt. Auf diese Weise wird in Bereichen mit großer Krümmung die Abtastung des realen Verlaufs erhöht. Andere Arbeiten modellieren die Geometrie beispielsweise als Bézier-Kurve [Amo u. a. 2006] und fusionieren diese als Ganzes mit dem beobachteten Verlauf. In [Sklarz u. a. 2008] wird zu diesem Zweck eine speziell angepasste Variante der dynamischen Zeitverzerrung (engl. *dynamic time warping*) eingesetzt.

Verursacht durch den Messvorgang und den sich daran anschließenden Verarbeitungsprozess ist die Karte unsicher. Um diese Unsicherheit zu reduzieren, ist es notwendig, die beschriebenen Verfahren zu verbessern und die Kartierung konsequent fortzusetzen. Die resultierende methodische Kopplung von Kartierung und Lokalisierung erfordert u. a. eine explizite Modellierung der zugrunde liegenden kinematischen Eigenschaften des beobachteten Fahrzeugs (bei Radarmessungen) bzw. des Messgeräteträgers (bei GPS-Beobachtungen). In den Arbeiten [ONeil 2001] und [Ulmke u. Koch 2006b] wird deshalb vor der eigentlichen Kartierungsphase eine Vorverarbeitung der Beobachtungen vorgeschlagen und damit eine sequentielle Abfolge von Lokalisierung und Kartierung erreicht. Zu diesem Zweck wird zunächst eine stochastische Filterung der Beobachtungssequenz mit einem Bewegungsmodell des Fahrzeugs durchgeführt. Die gespeicherte Bewegungstrajektorie wird anschließend durch ein geometrisches Modell approximiert. Zwangsläufig vorhandene Korrelationen zwischen der Bewegung des Fahrzeugs und der geschätzten Karte werden bei dieser Strategie nicht berücksichtigt.

Um die vorhandenen Abhängigkeiten zwischen der Umgebungskarte und der Bewegung des Fahrzeugs vollständig zu berücksichtigen, ist eine simultane Lokalisierung und Kartierung (engl. *Simultaneous Localization and Mapping (SLAM)*) notwendig. In der Robotik wird das SLAM-Problem seit einigen Jahren in vielerlei Hinsicht behandelt und stellt weiterhin ein viel beachtetes Forschungsgebiet dar. Die dominierende Form ist der stochastische SLAM, der in [Smith u. a.

1987] erstmals vorgestellt wurde. Die Unsicherheiten, die bei der Aufzeichnung von Messungen entstehen, werden dabei explizit behandelt: Sie verursachen eine Unsicherheit in der erstellten Karte und damit auch in der Lokalisierung des Roboters. Zwangsläufig hängen die Schätzungen der Karte und der kinematischen Zustände des Roboters voneinander ab. Eine konsequente Berücksichtigung dieser Unsicherheit ist unbedingt erforderlich, um konsistente Schätzungen zu erhalten [Durrant-Whyte u. Bailey 2006]. Praktische Implementierungen modellieren diese Unsicherheiten und Korrelationen mit Hilfe gaußverteilter Zufallsvariablen und aktualisieren diese mit dem Erweiterten Kalman-Filter (EKF) [Gamini Dissanayake u. a. 2001]. Diese SLAM-Variante wird in der Regel als EKF-SLAM bezeichnet. Sie ermöglicht die schritthaltende Verarbeitung von Beobachtungen und damit die größtmögliche Aktualität der Schätzung von Fahrzeugposition und Karte. Neben dem EKF-SLAM gibt es eine Vielzahl weiterer Ansätze, die häufig auf alternativen Implementierungen des Bayes-Filters aufbauen. Einen umfangreichen Überblick gibt [Thrun u. a. 2005].

Eine Hauptschwierigkeit bei der Umsetzung des EKF-SLAM besteht in der Wahl eines leistungsfähigen Kartenmodells, das die Geometrie der Umgebung geeignet abbildet. Klassischerweise wird die Umgebung dazu beispielsweise durch eine Menge einfacher, diskreter Orientierungspunkte bzw. Landmarken beschrieben. Diese werden durch ein geometrisches Primitiv wie einen Punkt, eine Strecke oder ein Kreissegment repräsentiert [Bailey u. Durrant-Whyte 2006]. Eine Erweiterung dieser Beschreibung wird in [Pedraza u. a. 2007] und [Pedraza u. a. 2009] durch die Verwendung von Basissplines vorgeschlagen: Die Modellierung mit Splines ermöglicht eine kompakte Beschreibung und Kartierung glatt geformter Oberflächen in Innenräumen.

Eine zweite Herausforderung ist der Rechenaufwand des EKF-SLAM. Dieser skaliert bei einer naiven Implementierung quadratisch mit der Anzahl der Systemzustände [Guivant u. Nebot 2001], deren Anzahl bei der Kartierung einer unbekannten Umgebung zwangsläufig zunimmt. Das Problem wird hauptsächlich durch die Korrelationen zwischen den Kartenzuständen verursacht und ergibt sich direkt aus dem Messprinzip: Da der Sensor sich entlang der Orientierungspunkte bewegt, ist seine Positionsunsicherheit mit der Unsicherheit des jeweils beobachteten Kartenausschnitts korreliert. Mit der Zeit ergeben sich so Korrelationen zwischen allen Kartenausschnitten. Einige Vorschläge zur Behandlung dieses Problems beruhen weitestgehend auf der Teilaktualisierung des Zustands. In [Leonard u. Feder 1999] wird zu diesem Zweck die Gesamtkarte in unabhängige Teilkarten unterteilt. Um Abhängigkeiten zwischen den Teilkarten zu berücksichtigen, wird in [Piniés u. Tardos 2007] eine Methode vorgeschlagen, die konsistente Schätzungen auch für große Umgebungen ermöglicht.

Die vorliegende Arbeit befasst sich mit der Lokalisierung und Kartierung auf der Grundlage geometrischer Beobachtungsgrößen, wie z. B. der Fahrzeugposition und der Fahrtrichtung. Sie liefert eine vollständige Modellierung des Gesamtsystems und dessen Einbettung in eine zweistufige Strategie: Nach einer Initialisierung der Karte in einer ersten Stufe wird in einer zweiten Stufe eine kontinuierliche Aktualisierung der Karte im laufenden Betrieb simultan zur Lokalisierung realisiert. Die entwickelten Verfahren orientieren sich dabei an Arbeiten aus dem Bereich der Robotik und der Informationsfusion und integrieren vorhandene Erfahrungen und Modelle aus dem Bereich der Intelligenten Transportsysteme.

1.3   Aufbau der Arbeit

Die vorliegende Arbeit gliedert sich in folgende Kapitel:

- Kapitel 2 behandelt die Auswahl eines geeigneten Umgebungsmodells. Es beschreibt den Kurvenatlas, das der Arbeit zugrunde liegende hierarchische Modell der Umgebung: Der Kurvenatlas speichert sowohl die Topologie des vernetzten Systems aus Fahrzeugtrassen als auch die geometrischen Eigenschaften einzelner Trassenabschnitte und gibt den Rahmen für die entwickelten Kartierungs- und Lokalisierungsverfahren vor. Die Teilkarten des Kurvenatlas beinhalten die Geometrie einzelner Trassenabschnitte zwischen benachbarten Verzweigungen. Ihre Gestalt wird kompakt durch global kubische 2D-Splinekurven approximiert. Im Rahmen dieses Kapitels wird die Verwendung dieses Kurventyps eingeführt und die für das weitere Vorgehen grundlegende Berechnung interpolierender, global kubischer Splines in Bogenlängenparametrisierung zusammengefasst. Schließlich erfolgt die Bestimmung und Diskussion der mit dem Modell erreichbaren Genauigkeit, in Abhängigkeit der relevanten Parameter.

- Ausgehend von der zweistufigen Berechnungsvorschrift interpolierender Splines wird in Kapitel 3 zunächst eine kompaktere Beschreibung global kubischer Splinekurven hergeleitet. Die entwickelte lokal parametrische Darstellung speichert den erwarteten kontinuierlichen Trassenverlauf und die Unsicherheit des Verlaufs vollständig in den Stützstellen der Splinekurven.

  Auf Grundlage des lokal parametrischen Splinemodells und verrauschter Beobachtungen der Trassengeometrie wird im Anschluss eine Strategie vorgestellt, die offline eine initiale Kartierung einzelner Trassen ermöglicht. Die Vorgehensweise beruht auf dem Satz von Bayes und geht von einer Menge konkurrierender Modelle aus, die sich in der Stützstellenanzahl unterscheiden. Die zweistufige Bayes'sche Kartierung beinhaltet die Schätzung der reellwertigen Stützstellenpositionen und die automatisierte Auswahl einer ganzzahligen Stützstellenanzahl. Die Strategie wird beschrieben und ihre Leistungsfähigkeit wird an einer Beispieltrasse exemplarisch demonstriert.

- In Kapitel 4 wird ein rekursives Verfahren zur simultanen Lokalisierung und Kartierung mit einem Bayes-Filter vorgestellt. Das Verfahren beruht auf einer zeitdiskreten Beschreibung des Systems. Diese beinhaltet sowohl die kinematischen Fahrzeugzustände eines 1D-Bewegungsmodells als auch die Stützstellen der Fahrzeugtrasse, entlang der sich das Fahrzeug bewegt. Die Beschreibung ermöglicht die modellbasierte, zeitliche und räumliche Prädiktion, insbesondere der Karte, sowie die Aktualisierung des Systemzustands schritthaltend mit dem Eintreffen von Beobachtungen. Die notwendigen Modelle werden hergeleitet und das entwickelte Schätzverfahren wird in unterschiedlichen Szenarien erprobt, in denen kein Vorwissen über die Trassengeometrie besteht oder bewusst fehlerhafte Karten verwendet werden. Anhand der Ergebnisse erfolgt schließlich die Untersuchung und Bewertung der Leistungsfähigkeit des Schätzers und der Konvergenzeigenschaften der Schätzung, insbesondere der geschätzten Karte.

- In Kapitel 5 wird ein Verfahren zur globalen Lokalisierung und Kartierung im Kurvenatlas präsentiert. Mit dem können Situationen behandelt werden, in denen beispielsweise die Zuordnung der Fahrzeugposition zu einer Trasse nicht gegeben ist. Dazu wird die existierende Beschreibung des Systemzustands erweitert: Zum gleichen Zeitpunkt existieren mehrere konkurrierende Hypothesen über den korrekten Zustand des Systems, die mit einem Multi-Hypothesen-Filter aktualisiert werden. Bei der Suche nach der richtigen Hypothese erfolgt die Reduktion der Hypothesenanzahl mit einem sequentiellen Hypothesentest. Eine Aktualisierung der zentralen Karte erfolgt erst, nachdem die richtige Hypothese bekannt ist. Die Verfolgung mehrerer Hypothesen wird in unterschiedlichen Szenarien erprobt und bewertet.

- Das im Rahmen dieser Arbeit entwickelte Verfahren zur Kartierung und Lokalisierung spurgeführter Systeme wurde im Gleisnetz des Karlsruher Verkehrsverbundes erprobt. In Kapitel 6 werden die Ergebnisse vorgestellt und bewertet.

- Kapitel 7 fasst die wesentlichen Ergebnisse der Arbeit zusammen und gibt einen Ausblick auf zukünftige Aufgabenstellungen.

2 Modell der Umgebung

Grundlegend für jedes kartengestützte Verfahren zur Lokalisierung eines Fahrzeugs ist ein mathematisches Modell der Umgebung. Bei spurgeführten Fahrzeugen ist der mögliche Aufenthaltsbereich vollständig durch das Netz aus Fahrzeugtrassen vorgegeben und die Umgebungskarte muss dieses vernetzte System geeignet abbilden. Im Folgenden werden gängige Kartentypen vorgestellt, ein für spurgeführte Systeme geeigneter Typ ausgewählt und dessen Umsetzung beschrieben.

2.1 Stand der Technik und Lösungsansatz

Grundsätzlich werden bei der Kartierung der Umgebung metrische und topologische Karten unterschieden: Metrische Karten fassen die geometrischen Eigenschaften der Umgebung zusammen, während topologische Karten die Verbundenheit einzelner signifikanter Plätze beschreiben [Thrun 2003]. Ein klassischer metrischer Ansatz basiert auf Belegungskarten (engl. *occupancy grid maps*), in denen die Umgebung mit einem Gitter in einzelne Bereiche unterteilt wird und die Karte den Belegungsgrad zellenweise speichert [Elfes 1987]. Ein anderer metrischer Kartentyp sind Landmarkenkarten, in denen die Grenzen zwischen belegten und freien Flächen durch geometrische Primitive wie z. B. Linien beschrieben werden [Chatila u. Laumond 1985]. Im Gegensatz dazu beinhalten topologische Karten eine Liste von Plätzen, die durch Kanten verbunden sind.

Ein intuitiver Ansatz, räumlich ausgedehnte Gebiete übersichtlich zu beschreiben, basiert auf der Verwendung eines Atlanten. Dieser besteht aus einer geordneten Sammlung zusammenhängender Kartenausschnitte und stellt eine gekoppelt topologisch-metrische Karte dar. In der Robotik wurde die Idee, eine Gesamtkarte in handhabbare Kartenausschnitte mit lokalen Koordinatensystemen zu unterteilen, in [Chong u. Kleeman 1997] erstmals aufgegriffen und zur Kartierung von Innenräumen erfolgreich eingesetzt. Die Kartierung großer, statischer Umgebungen auf der Basis eines topologisch-metrischen Modells gelang in [Simhon u. Dudek 1998]. Die Karte wird dabei als Menge unabhängiger Teilkarten aufgefasst, die durch ihre Topologie in Bezug zueinander gesetzt werden. Dabei beinhaltet jede Teilkarte quantitative Umgebungsinformationen in einem lokalen Koordinatensystem. In [Bosse u. a. 2003] wird erstmals der Begriff Atlas verwendet und eine flexible Strategie vorgeschlagen, in die unterschiedlichste Kartierungsverfahren integriert werden können. Ein vergleichbarer Ansatz zur Repräsentation der Umgebung wird in [Lisien u. a. 2005] als hierarchischer Atlas vorgestellt und in [Tully u. a. 2007] zur Lokalisierung verwendet.

Im Rahmen dieser Arbeit wird das Netz aus Fahrzeugtrassen durch einen Atlas aus ebenen, parametrisierten Kurven beschrieben. Diese fassen den befahrbaren Bereich zwischen zwei Verzweigungen mit einer endlichen Anzahl an Formparametern zusammen. Insgesamt wird das Netz somit durch einen Kurvenatlas modelliert.

2.2 Der Kurvenatlas

Der Kurvenatlas wird im weiteren Verlauf durch einen gerichteten Graphen [Diestel 2006] aus Knoten und Kanten repräsentiert. Die Komponenten haben in der gewählten Darstellung folgende Bedeutung [Hasberg u. Hensel 2010b]:

- In den Knoten des Graphen wird die Geometrie der Spurführung zwischen zwei Verzweigungen zusammengefasst. Die Geometrie wird jeweils durch eine parametrisierte Kurve [Bär 2001]

$$\mathbf{c}(l) = \begin{bmatrix} c_x(l) \\ c_y(l) \end{bmatrix} \quad \text{mit } l \in [a, b] \tag{2.1}$$

  beschrieben, die in der Ebene verläuft, d. h. deren Werte in $\mathbb{R}^2$ liegen.

- Die Kanten des Graphen bilden die Beziehungen einzelner Kartenausschnitte zueinander ab. Existiert eine Kante zwischen zwei Kartenausschnitten, handelt es sich um Nachbarn. Durch die gerichtete Beziehung wird festgelegt, welcher der beiden Kartenausschnitte Vorgänger bzw. Nachfolger ist.

In Bild 2.1 ist ein Beispiel für einen Kurvenatlas visualisiert, bei dem das Trassennetz an der dargestellten Verzweigung in drei Kartenausschnitte aufgeteilt wird.

Der weitere Verlauf des Kapitels beschäftigt sich mit der Auswahl einer geeigneten Beschreibung der Geometrie der Spurführung, beginnend mit der Vorstellung realer Trassenverläufe. Aufgrund ihrer stellenweise unhandlichen, geometrischen Grundelemente wird der reale Verlauf im Rahmen dieser Arbeit durch Splinekurven angenähert, die sich aus stückweise definierten, polynomialen Kurven zusammensetzen. Die Eigenschaften des ausgewählten Splinetyps sowie relevante Berechnungsvorschriften der Splineparameter werden vorgestellt. Abschließend erfolgt eine quantitative Bestimmung der Abweichungen zwischen realen Trassen

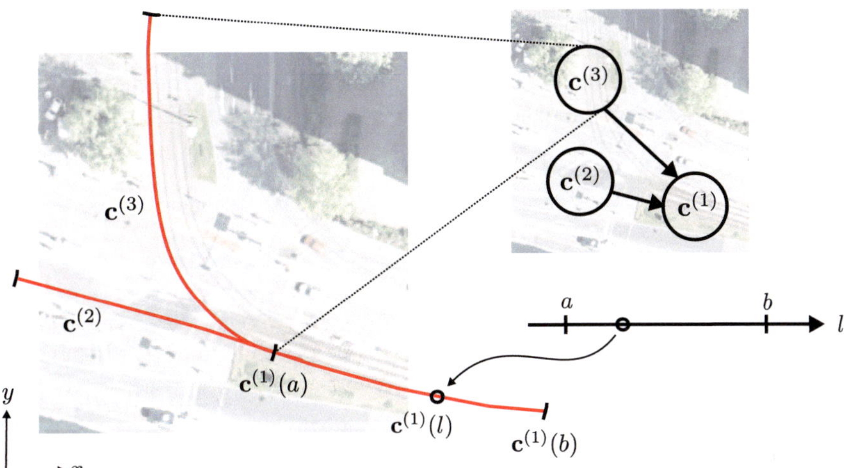

Bild 2.1: Kurvenatlas für ein Netz aus drei Trassen $\mathbf{c}^{(1)}$, $\mathbf{c}^{(2)}$ und $\mathbf{c}^{(3)}$: Die Informationen über die geometrischen Verläufe sind in den Knoten zusammengefasst, während die gerichteten Kanten die Nachbarschaftsbeziehungen der Trassen abbilden. Für die Trasse $\mathbf{c}^{(1)}$ ist zusätzlich der Wertebereich des Kurvenparameters l dargestellt.

und dem Splinemodell und eine Diskussion der erreichbaren Genauigkeit der Modellierung.

2.3 Fahrzeugtrassen im Schienenverkehr

Um die Voraussetzungen für eine sichere und komfortable Nutzung zu schaffen, gelten sowohl beim Entwurf als auch beim anschließenden Bau eines Verkehrswegs (Straße oder Gleistrasse) strenge Vorgaben. Entsprechend diesen Vorgaben wird die Achse eines Verkehrsweges exakt durch eine parametrisierte Kurve beschrieben. Diese Kurve oder Fahrzeugtrasse setzt sich in horizontaler Richtung aus einer Folge von Trassenelementen zusammen. Die Beschreibung des vertikalen Verlaufs erfolgt durch zusätzliche Elemente, die Längs- und Querneigungen zusammenfassen. Positionen entlang des Verkehrswegs werden fortlaufend in Richtung der definierten Achse in Metern oder Kilometern angegeben (sog. Kilometrierung). Bei der Planung einer Trasse spielt die Entwurfsgeschwindigkeit eine übergeordnete Rolle. Sie ergibt sich aus der vorgesehenen Netzfunktion einer Strecke.

Ihr sind Richtwerte für die Formparameter der verwendeten Entwurfselemente zugeordnet, wie z. B. zulässige Kurvenmindestradien. Nach Möglichkeit soll die Entwurfsgeschwindigkeit über längere Streckenabschnitte konstant sein [RAS 1984], um so gleichbleibende fahrdynamische Eigenschaften zu gewährleisten. Ein weiteres Optimierungskriterium ist ein möglichst kurzer Wegverlauf bei geeigneter Anpassung an das Gelände.

2.3.1 Mathematische Beschreibung der Trasse

Die Fahrzeugtrasse $\mathbf{c}(l)$ ist stückweise durch eine Folge von Trassenelementen $\mathbf{c}_n(l)$ mit $n = 1, \dots, N$ gegeben. Das n-te Element der Trasse hat die Bogenlänge L_n. Eine fortlaufende Parametrisierung von $\mathbf{c}(l)$ nach der Bogenlänge wird durch lineare Transformationen der Kurvenparameter erreicht. Diese Transformationen haben keinen Einfluss auf die Form der einzelnen Trassenelemente und es gilt

$$\mathbf{c}(l) = \begin{cases} \mathbf{c}_1(l), & \text{für } l \in [0; L_1] \\ \mathbf{c}_2(l) & \text{für } l \in [L_1; L_1 + L_2] \\ \quad \vdots & \quad \vdots \\ \mathbf{c}_N(l) & \text{für } l \in [\sum_{n=1}^{N-1} L_n; \sum_{n=1}^{N} L_n]. \end{cases} \tag{2.2}$$

Die gängigsten Trassenelemente sind Geradenabschnitte, Kreis- und Übergangsbögen. Die Übergangsbögen sind meist Klothoiden. Sie dienen einer stetigen, ruckarmen Krümmungsänderung zwischen geraden und kreisförmigen Trassenabschnitten[1]. Ein Beispiel für eine Trasse, die sich aus $N = 9$ Trassenelementen zusammensetzt, ist in Bild 2.2 abgebildet.

Um eine regelgerechte Trasse mathematisch eindeutig zu beschreiben, ist es notwendig, eine Reihe von Parametern zu kennen: Insgesamt ist jedes Trassenelement durch kontinuierliche und diskrete intrinsische Formparameter sowie extrinsische Positions- und Lageparameter beschrieben. Der Entwurf einer Trasse erfordert zusätzlich die Einhaltung von Regeln, die die Abfolge der Grundelemente festlegen, wobei die Anzahl der Grundelemente von Trasse zu Trasse variiert.

Nachfolgend werden die Parameterdarstellungen der genannten Grundelemente vorgestellt, aus denen sich jede beliebige Fahrzeugtrasse zusammensetzt. Die Beschreibung der ebenen Trassenelemente erfolgt in kartesischen Koordinaten und mit positiver Orientierung der Krümmung:

---

[1]Tatsächlich werden beim Bau aus Kostengründen häufig Übergangsbögen durch eine Folge von Kreisbögen ersetzt. Die Abweichungen vom projektierten Verlauf sind nur minimal und werden in dieser Arbeit vernachlässigt.

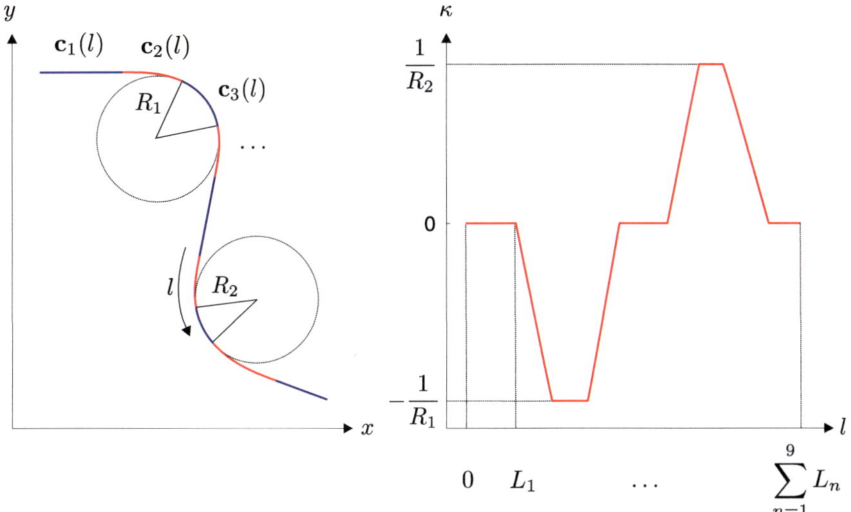

Bild 2.2: Regelgerechte Trasse: Die links dargestellte Trasse $\mathbf{c}(l)$ setzt sich abwechselnd aus Elementen mit konstanter Krümmung (blau) und konstanter Änderung der Krümmung (rot) zusammen. Das Krümmungsband $\kappa(l)$ der Trasse ist rechts abgebildet.

- Der Geradenabschnitt $\boldsymbol{\varphi}^1(l)$ verbindet die beiden Punkte $(0,0)^{\mathrm{T}}$ und $(L,0)^{\mathrm{T}}$. Er hat die Bogenlänge L und ist durch

$$\boldsymbol{\varphi}^1(l) = \begin{bmatrix} l \\ 0 \end{bmatrix} \tag{2.3}$$

  für $l \in [0, L]$ eindeutig beschrieben.

- Der Kreisbogen $\boldsymbol{\varphi}^2(l)$ mit dem Radius R und der Bogenlänge L verbindet den Ursprung $(0,0)^{\mathrm{T}}$ mit dem Punkt $(R\sin(\frac{L}{R}), R - R\cos(\frac{L}{R}))^{\mathrm{T}}$. Es gilt

$$\boldsymbol{\varphi}^2(l) = R \begin{bmatrix} \sin(\frac{l}{R}) \\ 1 - \cos(\frac{l}{R}) \end{bmatrix} \tag{2.4}$$

  für $l \in [0, L]$.

- Die Klothoide $\boldsymbol{\varphi}^3(l)$ ist eine spezielle Kurve, bei der der Radius R umgekehrt proportional zur Bogenlänge L ist: $R = \frac{A^2}{L}$. Entsprechend ist der Klothoidenparameter A^2 eine Konstante. Die Gleichung der Klothoide lautet in

Parameterform

$$\varphi^3(l) = A\sqrt{\pi} \int\limits_{0}^{\frac{l}{A\sqrt{\pi}}} \begin{bmatrix} \cos(\frac{\pi\tau^2}{2}) \\ \sin(\frac{\pi\tau^2}{2}) \end{bmatrix} d\tau. \tag{2.5}$$

Je nach Bedarf werden Eiklothoiden zum Verbinden von gleichsinnig gekrümmten Kreisbögen und Wendeklothoiden zum Verbinden von gegen-
sinnig gekrümmten Kreisbögen verwendet. Eine detaillierte Darstellung ist
in [Schramm 1962] zu finden.

Aus den Grundelementen $\varphi^j(l)$ mit $j = 1, 2, 3$ können beliebige Trassen $\mathbf{c}(l)$ mit
stetigem Krümmungsverlauf zusammengesetzt werden. Dabei sei das n-te Grundelement der Trasse durch $\varphi_n^j(l)$ gegeben. Seine charakteristische Form wird einerseits durch die Orientierung der Krümmung und andererseits durch die intrinsi-
schen Formparameter (Bogenlänge L_n, Radius R_n und Klothoidenparameter A_n)
festgelegt. Durch Rotation mit der Rotationsmatrix $\mathbf{R}_n$ und Verschiebung um den
Translationsvektor $\mathbf{T}_n$ gemäß

$$\mathbf{c}_n(l) = \mathbf{R}_n \varphi_n^j(l) + \mathbf{T}_n \tag{2.6}$$

nimmt das so geformte Grundelement seine Position und Ausrichtung in der projektierten Trasse ein. Durch den Hauptsatz über ebene Kurven [Bär 2001] ist sichergestellt, dass die Kurvenform des Grundelements bei der Transformation (2.6)
erhalten bleibt.

2.3.2   Richtwerte für die Formparameter der Trassenelemente

Die zulässigen Formparameter der Trassenelemente unterliegen strengen Vor-
schriften und sind beim Eisenbahnbau in einem Regelwerk, der Eisenbahnbau-
und Betriebsordnung [EBO], zusammengefasst. Alle Richtwerte, die für das weitere Vorgehen relevant sind, werden im folgenden Abschnitt zusammengefasst.
Eine detaillierte Beschreibung und ausführliche Hinweise zur praktischen Umsetzung der geltenden Richtlinien sind in [Schramm 1962] zu finden.

Grundsätzlich werden Haupt-, Neben- und Straßenbahnen unterschieden. Während bei Hauptbahnen ein minimaler Radius von $300\,\text{m}$ gefordert wird, sind bei
Nebenbahnen Radien bis minimal $180\,\text{m}$ und bei Straßenbahnen sogar bis minimal $15\,\text{m}$ erlaubt [EBO].

Im Gegensatz zu baulichen Vorgaben im Straßenverkehr werden im Schienenverkehr keine Mindest- oder Maximalbogenlängen von Trassenelementen mit konstanter Krümmung vorgeschrieben. Lediglich die maximale Krümmungsänderung unterliegt Regeln, aus denen sich zulässige Klothoidenbogenlängen ergeben. Darüber hinaus wird ausgehend von der zulässigen Höchstgeschwindigkeit v_{max} einer Strecke der Wertebereich erlaubter Radien gemäß

$$R \geq k_1 v_{max}^2 \tag{2.7}$$

mit $k_1 = 1{,}530\,\text{s}^2/\text{m}$ weiter eingeschränkt. Unter Berücksichtigung dieser Einschränkung folgen die Regelbogenlängen der Klothoiden dem Zusammenhang

$$L = \max\left\{ \frac{k_2 v_{max}^3}{R}, \frac{k_3 v_{max}^2}{R} \right\} \tag{2.8}$$

mit $k_2 = 3{,}732\,\text{s}^3/\text{m}$ und $k_3 = 41{,}472\,\text{s}^2/\text{m}$. Für Haupt- und Nebenbahnen ergeben sich daraus Regellängen im Bereich $L \in [30\,\text{m}, 240\,\text{m}]$. Daraus folgen Werte des Klothoidenparameters von $A \in [100\,\text{m}, 600\,\text{m}]$. Für Straßenbahnen wird bei niedrigen Geschwindigkeiten üblicherweise auf die Verwendung von Übergangsbögen ganz verzichtet [Schramm 1962].

2.4 Modell der Fahrzeugtrasse

Die vorgestellte Beschreibung der Fahrzeugtrasse ist bei der Planung und auch beim Bau neuer Verkehrswege durchaus üblich, jedoch stellenweise unhandlich und mathematisch schwer handhabbar. Die Auswertung der Klothoide erfordert beispielsweise das Lösen der Fresnel-Integrale, und das Ergebnis ist analytisch nicht verfügbar. Auch die Tatsache, dass zur eindeutigen Beschreibung realer Fahrzeugtrassen kontinuierliche und diskrete Parameter notwendig sind, erschwert das Ableiten von Schätzgleichungen der Kurvenform. Eine Modellierung der Trasse mit Splines stellt zwar eine Approximation des tatsächlichen Verlaufs dar, hat jedoch für das weitere Vorgehen entscheidende Vorteile.

Ursprünglich stammt der Begriff Spline aus dem Schiffbau: Eine lange dünne Straklatte (engl. *spline*), die an einzelnen Punkten durch Strakgewichte (sog. Molche) fixiert wird, biegt sich genau wie ein global kubischer Spline mit natürlichen Randbedingungen[2]. Die durch die Biegung der Straklatte verursachte innere Spannung wird dabei minimiert bzw. verteilt. Beim Schiffsbau werden Straklatten z. B.

---

[2]Bei einem Spline mit natürlichen Randbedingungen verschwindet die Krümmung an den Splineenden.

beim Entwurf und Bau des Rumpfes eingesetzt. Zur Beschreibung von glatten, stückweise aus Polynomen bestehenden Funktionen wurde der Begriff Spline erstmals in [Schoenberg 1946] verwendet.

Obwohl im Bereich der Interpolation polynomiale Methoden grundlegend sind, wurden diese in jüngster Vergangenheit häufig durch stückweise polynomiale Verfahren ersetzt. Diese Splineinterpolationsmethoden bauen auf den klassischen Ansätzen auf, ermöglichen jedoch schnellere und präzisere Berechnungen [Farin 2002]. Aufgrund ihrer stückweisen Definition sind Splines flexibler als Polynome und dennoch relativ einfach handhabbar. Unerwünschte Oszillationen, die bei der Verwendung von Polynomen höheren Grades durch die Unbeschränktheit der Polynominterpolation entstehen, werden bei der Splineinterpolation grundsätzlich vermieden.

In einer Reihe von Arbeiten, wie z. B. in [Kirubarajan u. a. 2000] [Koch 2001] [Agate u. Sullivan 2003] [Pannetier u. a. 2005], werden Straßenverläufe durch lineare Splines (Polygonzüge) modelliert. Diese sind zwar einfach berechenbar, aber es ist offensichtlich, dass kleine Interpolationsfehler nur durch kurze Bogenlängen der einzelnen Geradenabschnitte erzielt werden können. In [Atkinson 2002] wird daher die Verwendung kubischer Splines vorgeschlagen, um die Interpolationseigenschaften des Modells zu verbessern. Generell wird zwischen lokal und global kubischen Splines unterschieden [Knott 2000]: Im Gegensatz zu lokal kubischen Splines oder Hermite-Splines müssen die Tangenten bei global kubischen Splines an den Übergängen der stückweise definierten Interpolationsfunktionen nicht vorab berechnet werden. Sie ergeben sich stattdessen aus der Forderung nach Stetigkeit der zweiten Ableitungen genau an diesen Übergängen.

Aufgrund seiner Eigenschaften werden im Rahmen dieser Arbeit global kubische Splines zur Approximation einzelner Fahrzeugtrassen verwendet. Im weiteren Verlauf des Kapitels werden zunächst das mathematische Modell und relevante Modelleigenschaften vorgestellt. Daran schließen sich die Beschreibungen der mehrstufigen Berechnungsvorschrift der Splinekoeffizienten und der Bogenlängenparametrisierung an.

2.4.1 Interpolation mit global kubischen Splinekurven

Das mathematische Modell der Spurführung sei diejenige ebene, global kubische Splinekurve

$$\mathbf{s}(l) = \begin{bmatrix} s_x(l) \\ s_y(l) \end{bmatrix} \quad \text{für } l \in [l_1, l_M], \tag{2.9}$$

die eine gegebene Folge von Stützstellen $\mathbf{p}_i = (p_{x,i}, p_{y,i})^{\mathrm{T}} \in \mathbb{R}^2$ mit $i = 1, \ldots, M$ interpoliert. Die Kurve sei nach der Bogenlänge parametrisiert und die Kurvenparameter an den Stützstellen lauten

$$l_1 < l_2 < \cdots < l_i < l_{i+1} < \cdots < l_M. \tag{2.10}$$

Sowohl die x-Komponentenfunktion $s_x(l)$ als auch die y-Komponentenfunktion $s_y(l)$ der Kurve sind global kubische Splinefunktionen. Diese setzen sich stückweise aus Polynomen dritten Grades zusammen und erfüllen an den Übergängen eine Reihe von Stetigkeitsanforderungen. In Bild 2.3 ist die Entstehung der ebenen Splinekurve durch Überlagerung der beiden Komponentenfunktionen an einem Beispiel visualisiert. Zwischen zwei benachbarten Stützstellen $\mathbf{p}_i$ und $\mathbf{p}_{i+1}$ ist die Kurve für $l \in [l_i, l_{i+1}]$ allgemein durch

$$\mathbf{s}_i(l) = \begin{bmatrix} s_{x,i}(l) \\ s_{y,i}(l) \end{bmatrix} \tag{2.11}$$

beschrieben. Detaillierte Betrachtungen global kubischer Splines zum Lösen von Interpolations- und Approximationsaufgaben oder zum Design glatter Kurven sind in [de Boor 2001], [Knott 2000] und [Farin 2002] zu finden.

Die bemerkenswerteste Eigenschaft global kubischer Splines ist die Minimumeigenschaft (engl. *minimum property*) [Farin 2002], die ihn unter allen zweimal stetig differenzierbaren Kurven auszeichnet: Der global kubische Spline $\mathbf{s}(l)$ ist die Kurve mit der komponentenweise kleinsten, inneren Energie $\mathbf{E}$. Man erhält unter allen Kurven, die eine Folge von Stützstellen für gegebene Parameterwerte interpolieren und die gleichen Randbedingungen erfüllen, die kleinsten Werte für

$$\mathbf{E} = \int\limits_{l_1}^{l_M} \begin{bmatrix} s_x''(\tau) \\ s_y''(\tau) \end{bmatrix}^2 d\tau = \int\limits_{l_1}^{l_M} (\mathbf{s}''(\tau))^2 d\tau. \tag{2.12}$$

Die Minimumeigenschaft liefert im Hinblick auf den Einsatz global kubischer Splines zur Beschreibung der Geometrie unterschiedlichster Verkehrswege die wesentliche Begründung: Prinzipielle Anforderungen an die Trassenformen, wie z. B. eine kurze Bogenlänge der Trasse oder eine konstante Krümmungscharakteristik einzelner Trassenabschnitte, werden durch global kubische Splines unmittelbar berücksichtigt.

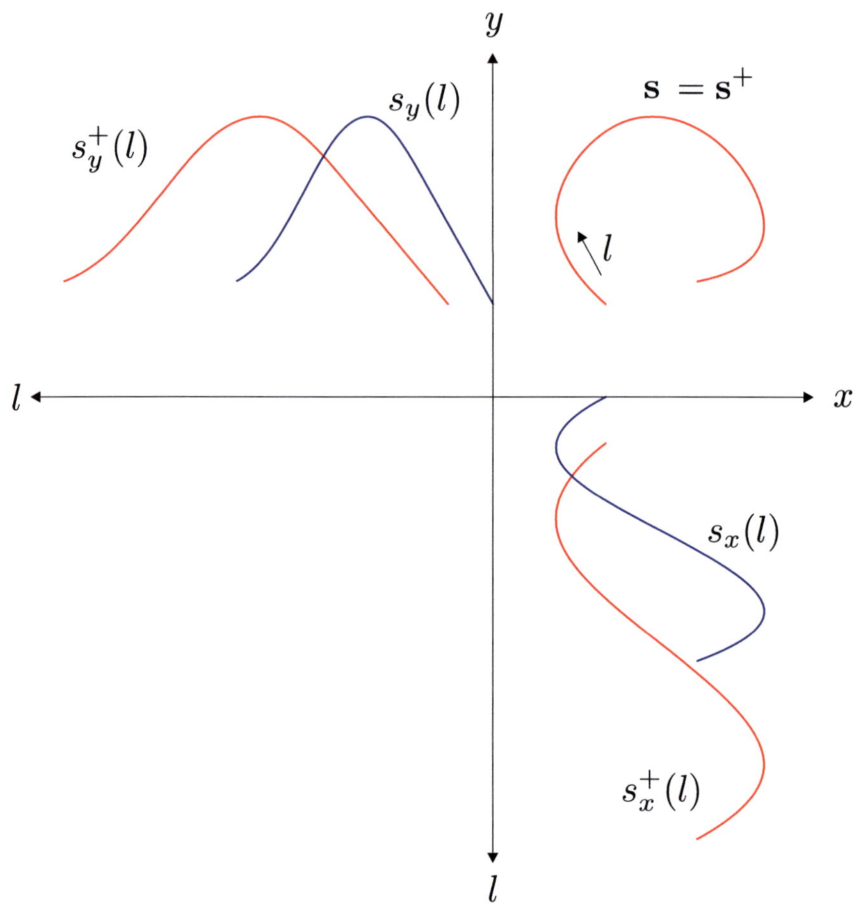

Bild 2.3: Die in [Farin 2002] als Kreuzdiagramm (engl. *crossplot*) eingeführte Darstellung veranschaulicht die Entstehung der Kurve $\mathbf{s}(l)$ durch Überlagerung der beiden voneinander unabhängigen Komponentenfunktionen $s_x(l)$ und $s_y(l)$. Eine lineare Parametertransformation der Form $l_i^+ = a l_i + b$ verändert den Verlauf der Komponentenfunktionen zu $s_x^+(l)$ und $s_y^+(l)$, die Form der Kurve $\mathbf{s}^+$ ist aber identisch zu der ursprünglichen Kurve $\mathbf{s}$.

2.4.2 Rekursive Berechnung der Splinekoeffizienten

Die Splinekoeffizienten werden für jede Komponentenfunktion separat berechnet: Die Funktion $s_x(l)$ interpoliert die x-Komponenten der Stützstellen $p_{x,i}$ und die Funktion $s_y(l)$ interpoliert die y-Komponenten der Stützstellen $p_{y,i}$, jeweils für eine Abfolge von Kurvenparametern l_i gemäß Gleichung (2.10). Aus Gründen der Lesbarkeit erfolgt die Beschreibung für die allgemeine Folge von Stützstellen p_i mit $i = 1, \dots, M$ im Intervall $l_1 \leq l \leq l_M$.

In der Reihenfolge der Stützstellen wird das gesamte Intervall in $M - 1$ Teilintervalle aufgeteilt. Für jedes Teilintervall $[l_i, l_{i+1}]$ der Länge

$$h_i = l_{i+1} - l_i \tag{2.13}$$

ist die gesuchte Funktion $s(l) = s_i(l)$ durch ein Polynom dritten Grades der allgemeinen Form

$$s_i(l) = a_i + b_i(l - l_i) + c_i(l - l_i)^2 + d_i(l - l_i)^3 \tag{2.14}$$

festgelegt. Insgesamt müssen also $4(M - 1)$ Splinekoeffizienten $a_i, \dots, d_i$ bestimmt werden, um die Funktion $s(l)$ vollständig angeben zu können. Ausgehend von der Interpolationsbedingung

$$s(l_i) \overset{!}{=} p_i \tag{2.15}$$

ergibt sich für den Funktionswert und die ersten beiden Ableitungen an den Intervallenden

$$s_i(l_i) = a_i = p_i \tag{2.16}$$
$$s_i'(l_i) = b_i \tag{2.17}$$
$$s_i''(l_i) = 2c_i \qquad := m_i \tag{2.18}$$
$$s_i(l_{i+1}) = a_i + b_i h_i + c_i h_i^2 + d_i h_i^3 = p_{i+1} \tag{2.19}$$
$$s_i'(l_{i+1}) = b_i + 2c_i h_i + 3d_i h_i^2 \tag{2.20}$$
$$s_i''(l_{i+1}) = 2c_i + 6d_i h_i \qquad := m_{i+1}. \tag{2.21}$$

Die gesuchten Splinekoeffizienten a_i, b_i, c_i und d_i können durch die gegebenen Stützstellen p_i und p_{i+1} und durch die noch unbekannten zweiten Ableitungen, die so genannten Momente m_i und m_{i+1}, ausgedrückt werden [Kiencke u. a. 2005]:

$$a_i = p_i \tag{2.22}$$

$$b_i = \frac{p_{i+1} - p_i}{h_i} - \frac{h_i(m_{i+1} + 2m_i)}{6} \tag{2.23}$$

$$c_i = \frac{m_i}{2} \tag{2.24}$$

$$d_i = \frac{m_{i+1} - m_i}{6h_i}. \tag{2.25}$$

Um Stetigkeit der zweiten Ableitung der stückweise gegebenen Splinefunktion zu garantieren, müssen zusätzliche Bedingungen

$$s_i(l_i) \overset{!}{=} s_{i-1}(l_i) \tag{2.26}$$

$$s_i'(l_i) \overset{!}{=} s_{i-1}'(l_i) \tag{2.27}$$

$$s_i''(l_i) \overset{!}{=} s_{i-1}''(l_i) \tag{2.28}$$

an den Intervallgrenzen eingehalten werden. Zur Lösung des Gleichungssystems mit $4(M - 1)$ Splinekoeffizienten stehen $3(M - 2)$ Bedingungen aufgrund der Gleichungen (2.26) bis (2.28) und weitere M Bedingungen aufgrund von (2.15) zur Verfügung. Um ein eindeutig lösbares Gleichungssystem zu erhalten, müssen daher noch zwei zusätzliche Randbedingungen ergänzt werden. Dabei ermöglichen parabolische Randbedingungen gemäß

$$s_1''(l_1) \overset{!}{=} s_1''(l_2) \tag{2.29}$$

$$s_{M-1}''(l_M) \overset{!}{=} s_{M-1}''(l_{M-1}) \tag{2.30}$$

bei Trassenelementen mit konstantem Radius gute Ergebnisse und sind natürlichen Randbedingungen überlegen, die ein Verschwinden der Krümmung an den Splineenden fordern. Sie werden daher im weiteren Verlauf zur Approximation der Fahrzeugtrasse verwendet.

Um die Splinekoeffizienten der interpolierenden Splinefunktion vollständig zu berechnen, wird ein Gleichungssystem für die noch unbekannten zweiten Momente $m_i = s_i''(l_i)$ aufgestellt und gelöst [Werner 1992]. Ausgangspunkt für die Momentenmethode ist der Ansatz

$$s_i''(l) = m_i + \frac{m_{i+1} - m_i}{l_{i+1} - l_i}(l - l_i). \tag{2.31}$$

Zweifache Integration im Intervall $[l_i, l]$ mit $h_i = l_{i+1} - l_i$ liefert

$$s_i'(l) = B_i + m_i(l - l_i) + \frac{m_{i+1} - m_i}{2h_i}(l - l_i)^2 \tag{2.32}$$

$$s_i(l) = A_i + B_i(l - l_i) + \frac{m_i}{2}(l - l_i)^2 + \frac{m_{i+1} - m_i}{6h_i}(l - l_i)^3 \tag{2.33}$$

mit den Integrationskonstanten A_i und B_i. Diese ergeben sich mit den Interpolationsbedingungen $s_i(l_i) = p_i$ und $s_i(l_{i+1}) = p_{i+1}$ gemäß Gleichung (2.15) zu

$$A_i = p_i \quad \text{und} \quad B_i = \frac{p_{i+1} - p_i}{h_i} - \frac{h_i}{6}(2m_i + m_{i+1}). \tag{2.34}$$

Die Auswertung an der Intervallgrenze l_{i+1} ergibt

$$s_i'(l_{i+1}) = \frac{p_{i+1} - p_i}{h_i} + \frac{h_i(2m_{i+1} + m_i)}{6} \tag{2.35}$$

$$s_{i+1}'(l_{i+1}) = \frac{p_{i+2} - p_{i+1}}{h_{i+1}} - \frac{h_{i+1}(m_{i+2} + 2m_{i+1})}{6}. \tag{2.36}$$

Ausgehend von der geforderten Stetigkeit der ersten Ableitung in Gleichung (2.27) an den inneren Stützstellen, muss

$$s_i'(l_{i+1}) = s_{i+1}'(l_{i+1}) \tag{2.37}$$

erfüllt sein. Insgesamt ergibt sich durch Einsetzen das Gleichungssystem

$$\begin{aligned} h_i m_i + 2(h_i + h_{i+1})m_{i+1} + h_{i+1}m_{i+2} = \\ \frac{6(p_{i+2} - p_{i+1})}{h_{i+1}} - \frac{6(p_{i+1} - p_i)}{h_i} \end{aligned} \tag{2.38}$$

für die gesuchten Momente [Ahlberg u. a. 1967].

Unter Berücksichtigung der Randbedingungen (2.29) und (2.30) ergibt sich ein eindeutig lösbares, lineares Gleichungssystem zur Bestimmung der unbekannten Momente m_i an den Stützstellen p_i. Nach Lösung des Gleichungssystems können mit Hilfe der Gleichungen (2.22) bis (2.25) die gesuchten Splinekoeffizienten ermittelt werden. In Bild 2.4 ist exemplarisch die resultierende Splinefunktion und deren erste und zweite Ableitung dargestellt, die eine gegebene Folge von $M = 7$ Stützstellen interpoliert.

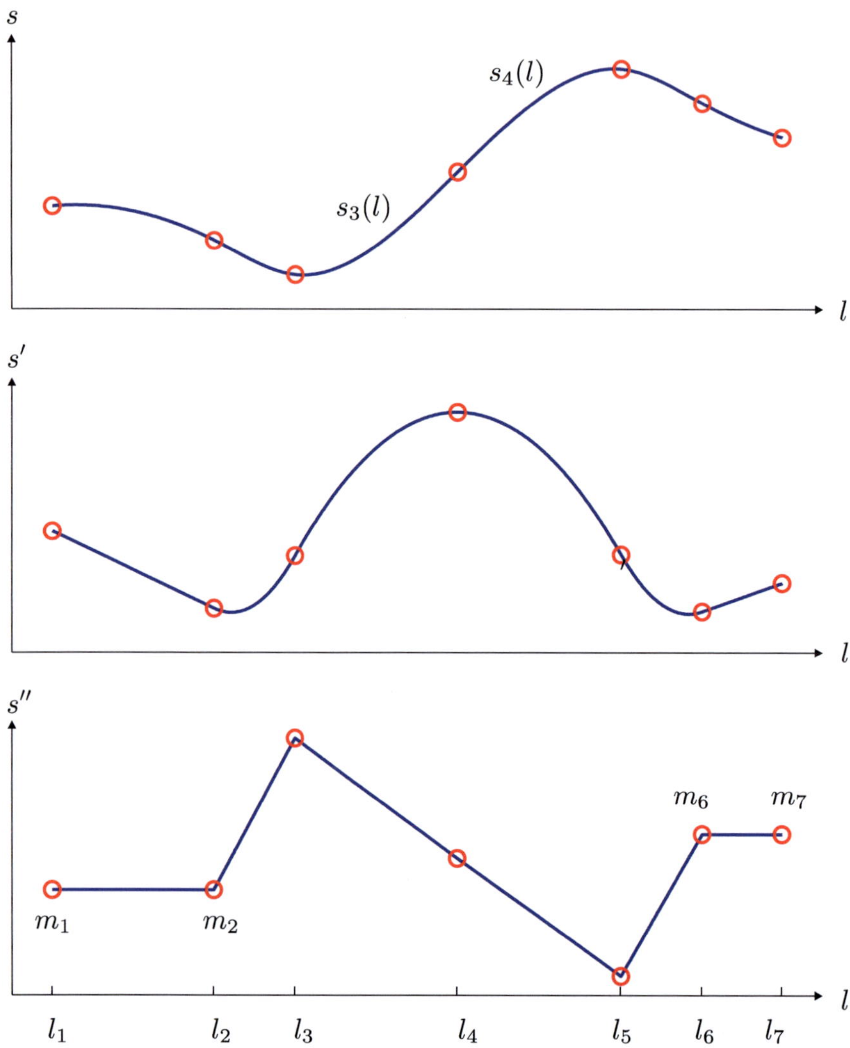

Bild 2.4: Spline $s(l)$ für $l \in [l_1, l_7]$ und Verlauf der ersten Ableitung $s'(l)$ und der zweiten Ableitung $s''(l)$: Aufgrund der parabolischen Randbedingungen (2.29) und (2.30) ist die zweite Ableitung im ersten und letzten Intervall konstant.

2.4.3 Parametrisierung nach der Bogenlänge

Um gültige Transformationen zwischen einer Bewegung entlang der Splinekurve und den Fahrzeugkoordinaten in $\mathbb{R}^2$ zu garantieren, muss die Kurve nach der Bogenlänge parametrisiert sein. Für die Kurve $\mathbf{s}(l)$ mit $l \in [l_1, l_M]$ muss somit die Bogenlänge L_{ab} zwischen $\mathbf{s}(l_a)$ und $\mathbf{s}(l_b)$ genau der Differenz der Kurvenparameterwerte gemäß

$$L_{ab} = \int_{l_a}^{l_b} \|\mathbf{s}'(\tau)\| d\tau \overset{!}{=} l_b - l_a \quad \text{für} \quad l_a, l_b \in [l_1, l_M] \tag{2.39}$$

entsprechen. Insbesondere muss die Bedingung für Kurvenparameterwerte $l_a = l_i$ und $l_b = l_{i+1}$ benachbarter Stützstellen erfüllt sein.

In Situationen, in denen der Verlauf der Kurve noch unbekannt ist, und lediglich die Stützstellen $\mathbf{p}_i$ mit $i = 1, \ldots, M$ gegeben sind, kann bereits eine untere Abschätzung der Bogenlänge der Kurve angeben werden: Offensichtlich ist der Polygonzug durch die Stützstellen die kürzeste Interpolierende. Entsprechend ist die Bogenlänge einer Splinekurve $\mathbf{s}(l)$ höherer Ordnung im Allgemeinen größer als die Summe der euklidischen Abstände benachbarter Stützstellen. Es gilt

$$L_{ab} = \sum_{i=1}^{M-1} L_{i,i+1} \geq \sum_{i=1}^{M-1} \|\mathbf{p}_{i+1} - \mathbf{p}_i\|. \tag{2.40}$$

Insgesamt beruht die Abschätzung der Bogenlänge lediglich auf den gegebenen Positionen der Stützstellen.

Zu Beginn der Interpolation stehen keine Parameterwerte l_i zur Verfügung, und deren Bestimmung basiert zunächst auf Gleichung (2.40). Da die Bogenlänge $L_{i,i+1}$ genau der Differenz der Parameterwerte l_{i+1} und l_i entsprechen soll, erfolgt die rekursive Berechnung der unbekannten Parameterwerte entsprechend

$$\hat{l}_{i+1} = \hat{l}_i + \|\mathbf{p}_{i+1} - \mathbf{p}_i\|, \tag{2.41}$$

mit $\hat{l}_1 = 0$ und $i = 2, \ldots, M - 1$. Diese Methode kommt ohne die Kenntnis der Kurvenform aus und wird deshalb initial zur Berechnung der Kurvenparameterwerte eingesetzt. Sie wird als Sehnenlängenparametrisierung (engl. *chord length parameterization*) bezeichnet [Farin 2002]. Entsprechend ist die Splinekurve $\mathbf{s}(l)$, die die Stützstellen $\mathbf{p}_i$ für die berechneten Kurvenparameter $\hat{l}_1 < \cdots < \hat{l}_M$ interpoliert nach der Sehnenlänge parametrisiert.

Es ist offensichtlich, dass die Abweichung der tatsächlichen Bogenlänge von der Differenz der korrespondierenden Kurvenparameter

$$\Delta L = L_{i,i+1} - (\hat{l}_{i+1} - \hat{l}_i) \tag{2.42}$$

abhängig von der Kurvenform im Allgemeinen zunimmt, je größer die Differenz $\hat{l}_{i+1} - \hat{l}_i$ ist. Im Rahmen einer Parametertransformation ist es möglich, diese Zunahme vollständig zu kompensieren [Gil u. Keren 1997]:

1. Im ersten Schritt wird die Bogenlänge L als Funktion des Kurvenparameters l berechnet. Die Bogenlängenfunktion lautet $L = f(l)$.

2. Da die Funktion $f(.)$ streng monoton steigt, kann im zweiten Schritt die Inverse $l = f^{-1}(L)$ der Bogenlängenfunktion berechnet werden. Durch Substitution der invertierten Funktion in $\mathbf{s}(l)$ erhält man die exakt nach der Bogenlänge parametrisierte Kurve $\mathbf{s}(f^{-1}(L))$ mit $L \in [0, L(\hat{l}_M)]$.

Zwar bleibt die Kurvenform bei der beschriebenen Umparametrisierung [Bär 2001] exakt erhalten, jedoch setzt die Auswertung der Splinekurve die Kenntnis der invertierten Bogenlängenfunktion $f^{-1}(.)$ voraus.

Die in [Floater u. Surazhsky 2005] vorgeschlagene, alternative Vorgehensweise kommt ohne die explizite Kenntnis der Funktion $f^{-1}(.)$ aus, weshalb sie für das weitere Vorgehen entscheidende Vorteile hat: Ausgehend von der nach der Sehnenlänge parametrisierten Kurve $\mathbf{s}(l)$ werden die Kurvenparameter an den Stützstellen gemäß

$$\hat{l}_{i+1}^+ = \hat{l}_i^+ + \int_{\hat{l}_i}^{\hat{l}_{i+1}} \|\mathbf{s}'(\tau)\| d\tau \tag{2.43}$$

mit $\hat{l}_1^+ = 0$ und $i = 2, \dots, M-1$ erneut rekursiv berechnet. Obwohl im Allgemeinen keine analytische Lösung des Integrals zur Bestimmung der Bogenlänge zur Verfügung steht, ist eine näherungsweise Berechnung mit numerischen Verfahren, wie beispielsweise der Gauß-Quadratur [Meyberg u. Vachenauer 2003], möglich. Auf Basis der aktualisierten Kurvenparameter $\hat{l}_1^+ < \cdots < \hat{l}_M^+$ und der gegebenen Stützstellen $\mathbf{p}_i$ wird die interpolierende Splinekurve $\mathbf{s}^+(l)$ berechnet.

Durch diese Vorgehensweise wird die resultierende Abweichung ΔL nach Gleichung (2.42) abhängig von der Kurvenform reduziert. Verursacht durch die nichtlineare Transformation, die auf die Parameterwerte $\hat{l}_i$ zur Bestimmung von $\hat{l}_i^+$

angewendet wird, weicht die Form der resultierenden Kurve $s^+(l)$ minimal von der vorher berechneten Kurve $s(l)$ ab. Anschaulich kann man sich den Effekt mit Hilfe von Bild 2.3 verdeutlichen: Eine lineare Transformation dehnt oder staucht beide Komponentenfunktionen in gleicher Weise. Dieser Vorgang hat keinen Einfluss auf die Form der Kurve. Jede ungleichförmige Dehnung oder Stauchung der beiden Funktionen, die im Rahmen einer nichtlinearen Parametertransformation zwangsläufig stattfindet, verursacht ihrerseits eine Veränderung der Kurvenform.

2.4.4 Einfluss der Approximationsfehler

Das Splinemodell $s(l)$ nähert die Eigenschaften der Fahrzeugtrasse $c(l)$ aus zwei Gründen nur an: Zum einen stimmt die geometrische Form der Modellkurve offensichtlich nicht exakt mit der Form der Fahrzeugtrasse überein. Zum anderen ist die Parametrisierung des Modells nach der Bogenlänge eine Näherung. Beide Fehlerquellen beeinflussen sich gegenseitig und variieren abhängig von der Bogenlänge $L_{i,i+1}$ zwischen benachbarten Stützstellen der Modellkurve.

Um den Zusammenhang zwischen der Bogenlänge $L_{i,i+1}$ und den resultierenden Modellabweichungen zu ermitteln, werden zunächst Referenztrassen mit unterschiedlichen s-förmigen Verläufen erzeugt. Dabei werden die Eigenschaften realer Trassen gemäß Kapitel 2.3 zugrunde gelegt. Im Anschluss erfolgt die Interpolation der Trassen mit dem in Kapitel 2.4 vorgestellten Splinemodell für unterschiedliche Bogenlängen $L_{i,i+1}$. Zur Beurteilung der geometrischen Ähnlichkeit von Modellkurve und Trasse wird der diskrete Fréchet-Abstand d_{fr} berechnet [Eiter u. Mannila 1994][3]. Um zusätzlich die Genauigkeit der Bogenlängenparametrisierung zu beurteilen, wird die maximale Abweichung

$$\Delta L_{max} = \max_l \{L(l) - l\} \tag{2.44}$$

ermittelt.

In Bild 2.5 sind die Abweichungen für drei Testszenarien mit unterschiedlichen minimalen Radien R_1 bis R_3 dargestellt. Abhängig von $L_{i,i+1}$ variiert die Genauigkeit, mit der die Splinekurven die Fahrzeugtrassen annähern. Insgesamt ist die mit der Modellierung erreichbare Genauigkeit ausreichend, um eine kartengestützte Lokalisierung zu ermöglichen. Aufgrund des geforderten Mindestabstands

---

[3]Eine Veranschaulichung des Fréchet-Abstands liefert folgendes Beispiel: Ein Mann hat einen Hund an der Leine. Der Mann folgt einer Kurve und der Hund einer anderen. Die Geschwindigkeit der beiden variiert, darf aber nicht negativ werden. Der Fréchet-Abstand ist die kürzeste Leine, die die beschriebene Traversierung ermöglicht.

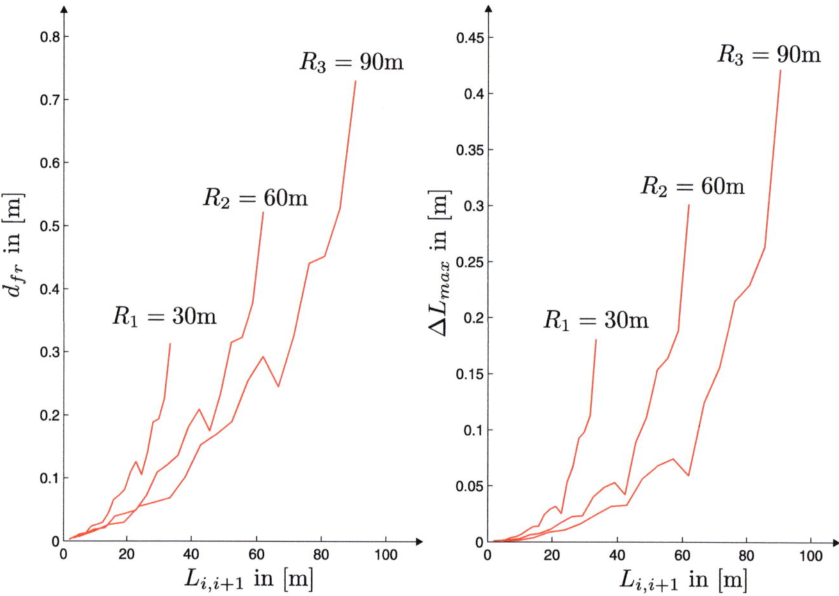

Bild 2.5: Abweichung der Splinekurve von der Trasse als Funktion der Bogenlänge zwischen benachbarten Stützstellen $L_{i,i+1}$: Links ist der Fréchet-Abstand d_{fr} und rechts ist die maximale Abweichung ΔL_{max} zwischen dem Parameter l und der exakten Bogenlänge $L(l)$ dargestellt.

paralleler Trassen von $3{,}8$ m [EBO] kann eine Unterscheidbarkeit der Modellkurven durch die Festlegung von $L_{i,i+1}$ für Trassen mit beliebigen minimalen Radien garantiert werden. Darüber hinaus sind die Abweichungen zwischen der exakten und der angenäherten Bogenlängenparametrisierung im Vergleich zu den Gesamtbogenlängen der Kurven verschwindend klein.

2.5　Zusammenfassung

Um die Grundlage für eine kartengestützte Lokalisierung spurgeführter Fahrzeuge zu schaffen, wird das Netz aus Fahrzeugtrassen durch einen Kurvenatlas beschrieben. Die im Vermessungswesen und Verkehrswegebau übliche Beschreibung der Trassen ist unhandlich und der tatsächliche Verlauf wird deshalb mit global kubischen Splines approximiert. Gegenüber Polygonen und einfach stetig differenzierbaren Kurven resultiert die Verwendung von global zweifach stetig differenzierbaren Kurven in einer realitätsnahen Abbildung der tatsächlichen Verläufe der Spurführung. Die Interpolationsfehler sind vernachlässigbar klein. Übereinstimmend mit realen Trassen ist der Verlauf der Krümmung bei der gewählten Modellkurve stetig und die Voraussetzungen für eine präzise Näherung sind geschaffen. Oszillationen der Kurve zwischen den Stützstellen werden wirkungsvoll verhindert. Die zur Umsetzung des ausgewählten Modells relevante Berechnungsvorschrift der Splinekoeffizienten wurde vorgestellt. Darüber hinaus wurde eine Methode beschrieben, die eine näherungsweise Parametrisierung der Splines nach der Bogenlänge liefert.

3 Kartierung einzelner Fahrzeugtrassen

Grundlegend für eine präzise Lokalisierung ist eine Karte, die die Eigenschaften der Umgebung, wie beispielsweise den geometrischen Verlauf der Trasse, präzise wiedergibt. Häufig liegt die benötigte Karte jedoch nicht in einem geeigneten Format vor, ist unvollständig oder gar nicht vorhanden. In diesen Fällen schafft eine Kartierung die Voraussetzungen für eine anschließende kartengestützte Lokalisierung.

Aus Messkampagnen entlang einzelner Fahrzeugtrassen stehen Paare aus zurückgelegtem Weg und verrauschter Positionsmessung zur Verfügung. Basierend auf diesen Daten soll eine Karte in Form einer 2D-Kurve geschätzt werden, auf deren Grundlage die Vorhersage des kontinuierlichen Trassenverlaufs möglich ist. Zusätzlich zur Angabe der Fahrzeugposition ist häufig auch die modellgestützte Vorhersage abgeleiteter Größen wie der Orientierung oder der Krümmung notwendig, um z. B. Beobachtungen der Fahrzeugausrichtung zur Lokalisierung verwenden zu können. Um Stetigkeit dieser Vorhersagen zu gewährleisten, ist eine global C^2-stetige Kurve erforderlich.

3.1 Stand der Technik und Lösungsansatz

Die Kartierung auf der Grundlage unsicherer Beobachtungen ist ein in der Robotik vielfach behandeltes Problem, welches mit der Lokalisierung des Roboters eng verknüpft ist. Setzt man die Lokalisierung als gegeben voraus (engl. *mapping with known poses* [Thrun u. a. 2005]), liegt ein reines Kartierungsproblem vor, dessen Bearbeitung typischerweise offline unter Berücksichtigung aller zur Verfügung stehender Beobachtungen erfolgt. Für dessen Behandlung bieten sich Methoden der Ausgleichsrechnung an.

Aufbauend auf den Überlegungen in Kapitel 2 eignen sich global kubische Splines, um die erwarteten Trassenverläufe präzise zu beschreiben. Eine klassische Methode zur Approximation verrauschter Beobachtungen mit Splinefunktionen sind Glättungssplines (engl. *smoothing splines*) [Reinsch 1967]. Diese ergeben sich bei gegebenen Ein-/Ausgangsdaten (l_n, p_n) mit $n = 1, \ldots, N$ durch Minimierung von

$$\sum_{n=1}^{N}(p_n - f(l_n))^2 + \lambda \int (f''(\tau))^2 d\tau. \tag{3.1}$$

Dabei wird berücksichtigt, dass die gesuchte Funktion f zweimal stetig differenzierbar ist. Während der erste Term in (3.1) die Abweichungen zwischen Modell und Beobachtungen bewertet, bestraft der zweite Term Krümmungen der Funktion. Insgesamt schafft der Regularisierungsparameter $\lambda \geq 0$ einen Ausgleich zwischen den beiden Termen: Für $\lambda = 0$ interpoliert die Funktion f die gegebenen Beobachtungen, während sich im anderen Extremfall für $\lambda \to \infty$ eine Gerade ergibt, da keinerlei zweite Ableitungen toleriert werden. Für den global kubischen Spline mit natürlichen Randbedingungen und Stützstellen an den l_n's wird der Gesamtausdruck (3.1) minimal [Hastie u. a. 2001]. Man erhält den optimalen Glättungsspline (engl. *optimal smoothing spline*) [Knott 2000].

Obwohl das Ergebnis die Forderung nach C^2-Stetigkeit erfüllt, hat das beschriebene Vorgehen einen gravierenden Nachteil: Die Methode umgeht die systematische Festlegung der Stützstellenanzahl und verwendet stattdessen deren maximal mögliche Anzahl. Diese ist identisch zu der Beobachtungsanzahl und unabhängig von der Charakteristik der zugrunde liegenden Funktion. Außerdem steigt der Rechenaufwand bei der Minimierung von (3.1), aufgrund der notwendigen Inversion der Beobachtungsmatrix, quadratisch mit der Anzahl der Beobachtungen an.

Regressionsmethoden wie z. B. Regressionssplines [Wahba 1990] kommen ohne zusätzlichen Regularisierungterm aus. Sie bieten stattdessen die Möglichkeit, die Anzahl der verwendeten Basisfunktionen und damit die Dimension des Modells [Schwarz 1978] zu variieren. Eine Überanpassung (engl. *overfitting*) des Modells an die Beobachtungen wird auf diese Weise verhindert. Häufig verwendete Basisfunktionen sind Gauß-Funktionen [Rasmussen u. Williams 2006] und Polynome [Bishop 2006]. Steht fest, welche Basisfunktionen verwendet werden, stellt sich die Frage nach einer geeigneten Anzahl an Basisfunktionen. Einerseits aufgrund unterschiedlichster Trassenlängen und Krümmungsverläufe und andererseits verursacht durch die individuellen Charakteristiken der Beobachtungssequenzen, ist eine systematische Abschätzung der Dimension vorab nicht möglich. Praktikabler ist stattdessen die Angabe einer Menge konkurrierender Modelle, die sich in eben dieser Dimension unterscheiden. Um beim Vergleich dieser Modelle die prädiktiven Eigenschaften ausreichend zu berücksichtigen und bei der Modellwahl eine Überanpassung an die Beobachtungen zu verhindern, stehen eine Reihe von Kriterien zur Verfügung. Einen Überblick gibt [Stoica u. Selen 2004]. Ein häufig eingesetztes Kriterium ist das Bayes'sche Informationskriterium (engl. *Bayesian information criterion (BIC)*)[Schwarz 1978], das über die näherungsweise Berechnung der Modellevidenz hergeleitet werden kann [Stoica u. Selen 2004].

Es belohnt die Anpassung des Modells an die Beobachtungen und bestraft im Gegenzug den Anstieg der Dimension des Modells, was insgesamt zu einer ausgewogenen Entscheidung führt. Die Bewertung unterschiedlicher Modelle im Rahmen einer Kreuzvalidierung [Hastie u. a. 2001] kann auf diese Weise umgangen werden.

Im Rahmen dieser Arbeit bilden global kubische Splines die Grundlage der Kartierung. Um die Parameter der Splines bestimmen zu können, wird eine kompakte Beschreibung der Splines in Matrixschreibweise hergeleitet: Ausgehend von der in Kapitel 2 beschriebenen Methode zur Bestimmung der Splinekoeffizienten ergibt sich eine lineare Beziehung zwischen dem Vektor der Stützstellen und dem Funktionswert. Dies ist in Übereinstimmung mit den Ergebnissen in [Yu u. Deng 2009]. Prinzipiell eignet sich die Beschreibung zur Lösung unterschiedlichster Parameterschätzaufgaben, deren Beobachtungsgleichungen durch Splines modelliert werden können. Das Modell wird in [Brunn u. Hanebeck 2005] zur Kalibrierung einer Werkzeugmaschine und in [Hasberg u. Hensel 2008] zur Kartierung ebener Fahrzeugtrassen mit GPS-Beobachtungen eingesetzt.

Die Positionen der Stützstellen entsprechen bei der lokal parametrischen Darstellung den Gewichten von Basisfunktionen. Diese Interpretation erlaubt die Anwendung moderner Regressionsmethoden zur Bestimmung der unbekannten Stützstellenpositionen und der Stützstellenanzahl auf Grundlage der Beobachtungen. Insgesamt orientiert sich das weitere Vorgehen an der in [MacKay 2003] präsentierten zweistufigen Strategie zur Bestimmung des Modells auf der Grundlage des Satzes von Bayes. Sowohl die Schätzung der reellwertigen Gewichte als auch der Vergleich von Modellen mit unterschiedlich vielen Basisfunktionen erfolgt im Rahmen einer zweistufigen Bayes'schen Kartierung: In der ersten Inferenzstufe werden die Stützstellenpositionen der konkurrierenden Modelle, ausgehend von den verrauschten Beobachtungen, geschätzt. Im Anschluss daran erfolgen der Vergleich der Modelle und die Auswahl eines der Modelle in einer zweiten Inferenzstufe, basierend auf der Modellevidenz. Der geschätzte Kurvenverlauf erfüllt die Forderung nach C^2-Stetigkeit und ist gemäß Gleichung (2.12) die Kurve mit der kleinsten inneren Energie. Die Bayes'sche Strategie ermöglicht den direkten Vergleich aller Modelle, wobei zur Schätzung der Modellparameter sämtliche Beobachtungen zur Verfügung stehen.

3.2 Stochastisches Modell global kubischer Splines

Die Berechnung der Splinekoeffizienten, unter Berücksichtigung aller Interpolationsbedingungen, erfolgt wie in Kapitel 2 beschrieben, durch Lösen des zugrundeliegenden Gleichungssystems. Dabei werden zunächst die zweiten Momente an den inneren Stützstellen und daran anschließend die gesuchten Splinekoeffizienten bestimmt. Insgesamt ist dieser zweistufige Prozess in der beschriebenen Form ungeeignet, um in die Schätzung der Geometrie der Spurführung integriert zu werden. Grundlegend für das weitere Vorgehen ist stattdessen ein kompakteres Modell zur Vorhersage der Kurvenposition in einem Schritt. Bei geeigneter Gruppierung der Stützstellen gehen diese linear in die benötigte Gleichung zur Vorhersage der Kurvenposition ein und eignen sich somit ideal als Geometrieparameter, die zudem im Gegensatz zu Polynomkoeffizienten eine anschauliche Interpretation erlauben. Die für den 1D-Fall entwickelte Beschreibung eignet sich für die notwendige 2D-Erweiterung und zur Integration geometrischer Unsicherheit in das Modell. Diese muss berücksichtigt werden, da jede Karte das Ergebnis eines Messprozesses ist, der auf unsicherheitsbehafteten Messungen beruht.

3.2.1 Lineares eindimensionales Modell

Gesucht ist eine Beschreibung, mit der die 1D-Komponentenfunktionen $s_x(l)$ und $s_y(l)$ der Splinekurve $\mathbf{s}(l)$ direkt in Abhängigkeit der korrespondierenden Stützstellenkomponenten $p_{x,i}$ und $p_{y,i}$ vorausgesagt werden können. Aus Gründen der Lesbarkeit erfolgt die Beschreibung wie schon in Kapitel 2.4.2 für die allgemeine Folge von Stützstellen p_i mit $i = 1, \ldots, M$ im Intervall $l_1 \leq l \leq l_M$.

Zur Herleitung der gesuchten Beschreibung werden die Positionen der Stützstellen in $\mathbf{q} = [p_1, \ldots, p_M]^\mathrm{T}$ und die zu den Stützstellen korrespondierende Folge von Parametern $l_1 < l_2 < \cdots < l_M$ in $\mathbf{l} = [l_1, \ldots, l_M]^\mathrm{T}$ zusammengefasst. Entsprechend dem in Kapitel 2.4.2 beschriebenen Vorgehen folgen die inneren Momente m_i aus dem Gleichungssystem (2.38). In einer für das weitere Vorgehen angepassten Form lautet dieses

$$
\begin{aligned}
h_i m_i + 2(h_i + h_{i+1})m_{i+1} + h_{i+1}m_{i+2} = \\
\frac{6}{h_i}p_i + \left(\frac{-6}{h_i} + \frac{-6}{h_{i+1}} \right)p_{i+1} + \frac{6}{h_{i+1}}p_{i+2}
\end{aligned}
\tag{3.2}
$$

mit

$$
h_i = l_{i+1} - l_i.
\tag{3.3}
$$

Definiert man den Vektor der Momente $\mathbf{m} = [m_1, \ldots, m_M]^\mathrm{T}$ und ergänzt die Momente an den Enden des Splines $m_1 = m_2$ und $m_M = m_{M-1}$, die aufgrund der parabolischen Randbedingungen bereits feststehen, erhält man ein lineares System von M Gleichungen für die unbekannten zweiten Momente [Kiencke u. a. 2005]. In Matrixnotation folgt

$$\mathbf{Mm} = \mathbf{Lq} \tag{3.4}$$

mit

$$\mathbf{M} = \begin{bmatrix} 1 & -1 & 0 & \cdots & & 0 \\ h_1 & 2(h_1 + h_2) & h_2 & \cdots & & 0 \\ \vdots & \ddots & \ddots & \ddots & & \vdots \\ 0 & \cdots & h_{M-2} & 2(h_{M-2} + h_{M-1}) & h_{M-1} \\ 0 & \cdots & 0 & 1 & -1 \end{bmatrix}$$

und

$$\mathbf{L} = \begin{bmatrix} 0 & 0 & 0 & \cdots & & 0 \\ \frac{6}{h_1} & \left(\frac{-6}{h_1} + \frac{-6}{h_2}\right) & \frac{6}{h_2} & \cdots & & 0 \\ \vdots & \ddots & \ddots & \ddots & & \vdots \\ 0 & \cdots & \frac{6}{h_{M-2}} & \left(\frac{-6}{h_{M-2}} + \frac{-6}{h_{M-1}}\right) & \frac{6}{h_{M-1}} \\ 0 & \cdots & 0 & 0 & 0 \end{bmatrix}.$$

Da es sich bei der Matrix $\mathbf{M}$ um eine Tridiagonalmatrix handelt, ist der Berechnungsaufwand zum Lösen des Gleichungssystems (3.4) proportional zur Stützstellenanzahl [Werner 1992]. Die Lösung ist selbst bei vergleichsweise großer Dimension von $\mathbf{m}$ effizient berechenbar. Für die Momente ergibt sich

$$\mathbf{m} = \mathbf{M}^{-1}\mathbf{Lq}. \tag{3.5}$$

Bei bekannten Stützstellen p_i und Momenten m_i können mit Hilfe der Gleichungen (2.22) bis (2.25), entsprechend

$$a_i = p_i \tag{3.6}$$

$$b_i = \frac{p_{i+1} - p_i}{h_i} - \frac{h_i(m_{i+1} + 2m_i)}{6} \tag{3.7}$$

$$c_i = \frac{m_i}{2} \tag{3.8}$$

$$d_i = \frac{m_{i+1} - m_i}{6h_i}, \tag{3.9}$$

die Splinekoeffizienten berechnet werden. Fasst man diese ebenfalls in Vektoren $\mathbf{a} = [a_1, \ldots, a_{M-1}]^{\mathrm{T}}$ bis $\mathbf{d} = [d_1, \ldots, d_{M-1}]^{\mathrm{T}}$ zusammen, kann ihre Berechnung in Matrixnotation übersichtlich gemäß

$$\mathbf{a} = \mathbf{A}_1 \mathbf{q} \tag{3.10}$$

$$\mathbf{b} = \mathbf{B}_1 \mathbf{q} + \mathbf{B}_2 \mathbf{m} \tag{3.11}$$

$$\mathbf{c} = \mathbf{C}_1 \mathbf{m} \tag{3.12}$$

$$\mathbf{d} = \mathbf{D}_1 \mathbf{m} \tag{3.13}$$

notiert werden. Die dabei verwendeten Matrizen lauten

$$\mathbf{A}_1 = \begin{bmatrix} 1 & 0 & 0 & \cdots & 0 \\ 0 & 1 & 0 & \cdots & 0 \\ \vdots & \ddots & \ddots & \ddots & \vdots \\ 0 & \cdots & 0 & 1 & 0 \end{bmatrix}$$

$$\mathbf{B}_1 = \begin{bmatrix} \frac{-1}{h_1} & \frac{1}{h_1} & 0 & \cdots & & 0 \\ 0 & \frac{-1}{h_2} & \frac{1}{h_2} & \cdots & & 0 \\ \vdots & \ddots & \ddots & & \ddots & \vdots \\ 0 & \cdots & 0 & & \frac{-1}{h_{M-1}} & \frac{1}{h_{M-1}} \end{bmatrix}$$

$$\mathbf{B}_2 = \begin{bmatrix} \frac{-2h_1}{6} & \frac{-h_1}{6} & 0 & \cdots & & 0 \\ 0 & \frac{-2h_2}{6} & \frac{-h_2}{6} & \cdots & & 0 \\ \vdots & & \ddots & \ddots & \ddots & \vdots \\ 0 & & \cdots & 0 & \frac{-2h_{M-1}}{6} & \frac{-h_{M-1}}{6} \end{bmatrix}$$

$$\mathbf{C}_1 = \begin{bmatrix} \frac{1}{2} & 0 & 0 & \cdots & 0 \\ 0 & \frac{1}{2} & 0 & \cdots & 0 \\ \vdots & \ddots & \ddots & \ddots & \vdots \\ 0 & \cdots & 0 & \frac{1}{2} & 0 \end{bmatrix}$$

$$\mathbf{D}_1 = \begin{bmatrix} \frac{-1}{6h_1} & \frac{1}{6h_1} & 0 & \cdots & & 0 \\ 0 & \frac{-1}{6h_2} & \frac{1}{6h_2} & \cdots & & 0 \\ \vdots & \ddots & 0 & & \ddots & \vdots \\ 0 & & \cdots & 0 & \frac{-1}{6h_{M-1}} & \frac{1}{6h_{M-1}} \end{bmatrix}.$$

Unter Verwendung von Gleichung (3.5) wird schließlich der Momentenvektor $\mathbf{m}$ in den Gleichungen (3.10) bis (3.13) eliminiert. Insgesamt handelt es sich bei den Koeffizientenvektoren $\mathbf{a}$ bis $\mathbf{d}$ somit um lineare Transformationen des Stützstellenvektors $\mathbf{q}$ entsprechend

$$\mathbf{a} = \mathbf{A}_1\mathbf{q} \qquad\qquad := \mathbf{A}\mathbf{q} \qquad (3.14)$$

$$\mathbf{b} = \mathbf{B}_1\mathbf{q} + \mathbf{B}_2\mathbf{m} = \mathbf{B}_1\mathbf{q} + \mathbf{B}_2(\mathbf{M}^{-1}\mathbf{L})\mathbf{q}$$
$$= (\mathbf{B}_1 + \mathbf{B}_2\mathbf{M}^{-1}\mathbf{L})\mathbf{q} \qquad := \mathbf{B}\mathbf{q} \qquad (3.15)$$

$$\mathbf{c} = \mathbf{C}_1\mathbf{m} = \mathbf{C}_1(\mathbf{M}^{-1}\mathbf{L})\mathbf{q} \qquad := \mathbf{C}\mathbf{q} \qquad (3.16)$$

$$\mathbf{d} = \mathbf{D}_1\mathbf{m} = \mathbf{D}_1(\mathbf{M}^{-1}\mathbf{L})\mathbf{q} \qquad := \mathbf{D}\mathbf{q}. \qquad (3.17)$$

Um schließlich den Funktionswert für ein beliebiges Argument l vorherzusagen, muss das korrespondierende Splinesegment gefunden und dessen Koeffizienten ausgewählt werden: Zunächst wird das gesuchte Segment i bei gegebenem l mit $l_i \leq l < l_{i+1}$ bestimmt. Ein Maskierungsvektor $\mathbf{k}_i$ ermöglicht dann, abhängig von i, die Auswahl der gültigen Funktion aus dem Vektor der Splinefunktionen $(s_1(l),\dots,s_{M-1}(l))^{\mathrm{T}}$ gemäß

$$s(l) = \mathbf{k}_i^{\mathrm{T}} \begin{bmatrix} s_1(l) \\ \vdots \\ s_{i-1}(l) \\ s_i(l) \\ s_{i+1}(l) \\ \vdots \\ s_{M-1}(l) \end{bmatrix} = \begin{bmatrix} 0 \\ \vdots \\ 0 \\ 1 \\ 0 \\ \vdots \\ 0 \end{bmatrix}^{\mathrm{T}} \cdot \begin{bmatrix} s_1(l) \\ \vdots \\ s_{i-1}(l) \\ s_i(l) \\ s_{i+1}(l) \\ \vdots \\ s_{M-1}(l) \end{bmatrix} = s_i(l). \qquad (3.18)$$

Entsprechend Gleichung (2.14) und unter Verwendung der Vektoren $\mathbf{a}$, $\mathbf{b}$, $\mathbf{c}$ und $\mathbf{d}$ wird der Vektor der Splinefunktionen $(s_1(l),\dots,s_{M-1}(l))^{\mathrm{T}}$ folgendermaßen ersetzt:

$$s(l) = \mathbf{k}_i^{\mathrm{T}}[\mathbf{a} + \mathbf{b}(l - l_i) + \mathbf{c}(l - l_i)^2 + \mathbf{d}(l - l_i)^3]. \qquad (3.19)$$

Der Funktionswert s für ein gegebenes l ist somit eine Linearkombination der Splinekoeffizientenvektoren, gewichtet mit den Faktoren $(l-l_i)^j$ für $j = 0, 1, 2, 3$. Mit den Gleichungen (3.14) bis (3.17) folgt der lineare Zusammenhang[1] zwischen

---

[1]Je nach gewählter Parametrisierung hängen die Parameterwerte l_i an den Stützstellen von deren Position ab und die Separierung in Gleichung (3.20) ist nicht vollständig. Aufgrund des geringen Einflusses wird diese Abhängigkeit in der vorliegenden Arbeit nicht weiter berücksichtigt.

dem Stützstellenvektor $\mathbf{q}$ und der 1D-Splinefunktion $s(l)$ entsprechend

$$
\begin{aligned}
s(l) &= \mathbf{k}_i^{\mathrm{T}}[\mathbf{A}\mathbf{q} + \mathbf{B}\mathbf{q}(l - l_i) + \mathbf{C}\mathbf{q}(l - l_i)^2 + \mathbf{D}\mathbf{q}(l - l_i)^3] \\
&= \mathbf{k}_i^{\mathrm{T}}[\mathbf{A} + \mathbf{B}(l - l_i) + \mathbf{C}(l - l_i)^2 + \mathbf{D}(l - l_i)^3]\mathbf{q} \\
&:= \mathbf{g}^{\mathrm{T}}(\mathbf{l}, l)\mathbf{q}.
\end{aligned}
\tag{3.20}
$$

In Gleichung (3.20) konnte gezeigt werden, dass die Funktion $s(l)$ als Produkt des Stützstellenvektors $\mathbf{q}$ mit der Funktion $\mathbf{g}^{\mathrm{T}}(\mathbf{l}, l)$ ausgedrückt werden kann. Eine anschauliche Interpretation ermöglicht die Darstellung der Funktion $s(l)$ als Linearkombination M nichtlinearer Basisfunktionen $\phi_i(\mathbf{l}, l)$ mit $i = 1, \dots, M$ gemäß

$$
s(l) = \mathbf{g}^{\mathrm{T}}(\mathbf{l}, l)\mathbf{q} = \sum_{i=1}^{M} \phi_i(\mathbf{l}, l)p_i.
\tag{3.21}
$$

In Bild 3.1 sind die Basisfunktionen exemplarisch für $\mathbf{q} \in \mathbb{R}^5$ visualisiert. Eine bemerkenswerte Eigenschaft der verwendeten Splines ist der globale Einfluss von Änderungen der Stützstellenpositionen. Verschiebt man beispielsweise eine der Stützstellen des Stützstellenvektors $\mathbf{q}$, entspricht das einer Neugewichtung der korrespondierenden Basisfunktion. Aufgrund des globalen Einflusses jeder einzelnen Basisfunktion ändert sich der Verlauf der Splinefunktion $s(l)$ deshalb ebenfalls global. Die Auswirkung der Änderung nimmt jedoch mit zunehmendem Abstand von der verschobenen Stützstelle ab.

Basierend auf der entwickelten Darstellung wird kontinuierlich verfügbare geometrische Unsicherheit der Funktion $s(l)$ über eine kontinuierliche multivariate Wahrscheinlichkeitsverteilung des Stützstellenvektors $\mathbf{q}$ im entwickelten Modell berücksichtigt. Das resultierende stochastische Modell bildet die gewählte Verteilung der Stützstellen auf die Splinefunktion am Ausgang ab.

Wie in Bild 3.2 exemplarisch dargestellt sind die Positionen der einzelnen Stützstellen p_i nicht sicher bekannt. Die resultierende Unsicherheit des Vektors $\mathbf{q} = (p_1, \dots, p_M)^{\mathrm{T}}$ wird durch eine Gauß-Verteilung modelliert[2], die vollständig durch die ersten beiden Momente $\boldsymbol{\mu}_{\mathbf{q}}$ und $\boldsymbol{\Sigma}_{\mathbf{q}}$ der Wahrscheinlichkeitsdichtefunktion[3]

$$
p(\mathbf{q}) = \mathcal{N}(\mathbf{q}|\boldsymbol{\mu}_{\mathbf{q}}, \boldsymbol{\Sigma}_{\mathbf{q}})
\tag{3.22}
$$

---

[2]Neben dem zentralen Grenzwertsatz wird diese Annahme hauptsächlich durch die resultierende analytische Handhabbarkeit motiviert. Prinzipiell kann aber auch jede andere Wahrscheinlichkeitsverteilung verwendet werden.

[3]Aus Gründen der Lesbarkeit wird im weiteren Verlauf der Arbeit der Begriff Dichte gleichbedeutend mit Wahrscheinlichkeitsdichtefunktion verwendet.

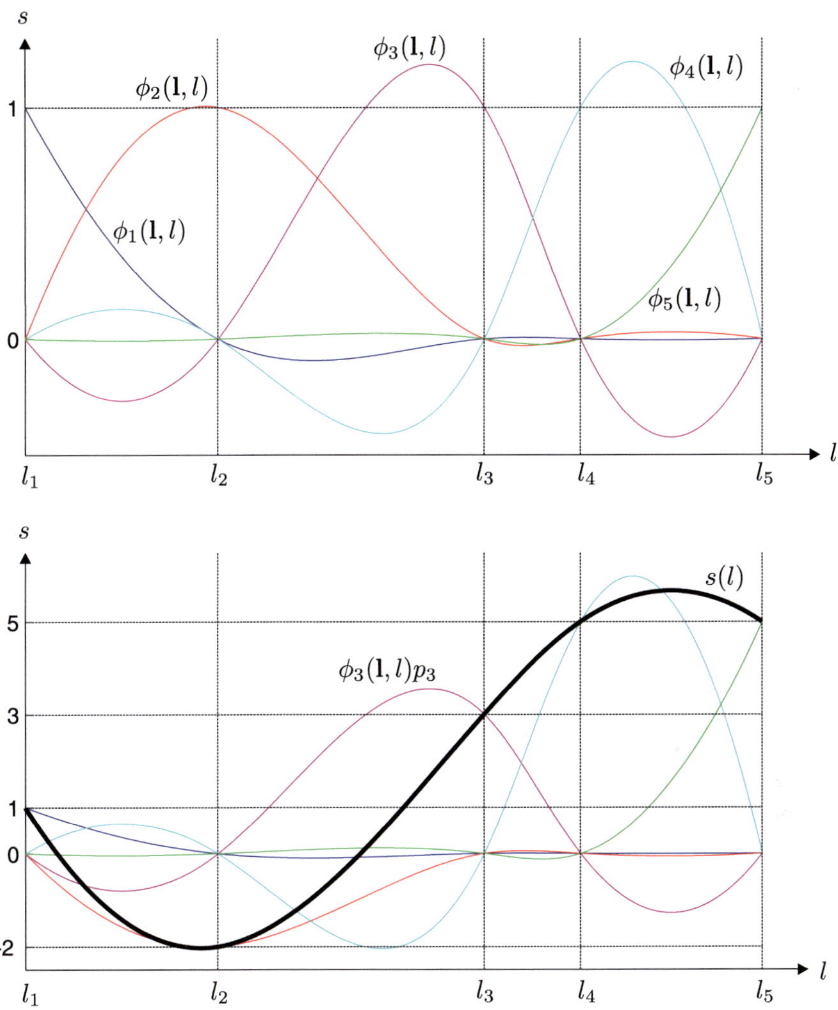

Bild 3.1: Basisfunktionen global kubischer Splines (1D-Fall): Aufgrund variierender Abstände benachbarter Stützstellen ist die Form der einzelnen Basisfunktionen $\phi_i(\mathbf{l}, l)$ mit $i = 1, \ldots, 5$ unterschiedlich (oben). Überlagert man die gewichteten Basisfunktionen entsprechend Gleichung (3.21) mit dem Vektor $\mathbf{q} = [1 \; -2 \; 3 \; 5 \; 5]^\mathrm{T}$ ergibt sich der dargestellte Verlauf für die Funktion $s(l)$ (unten).

beschrieben wird. Die Wahrscheinlichkeitsverteilung des Funktionswertes von $s(l)$ für ein gegebenes Argument l ergibt sich mit Hilfe des linearen Zusammenhangs in Gleichung (3.20). Die Abhängigkeit der resultierenden Gauß-Dichte von l wird im Rahmen dieser Arbeit folgendermaßen ausgedrückt:

$$p(s(l)) = \mathcal{N}(s(l)|\mu_s(l), \sigma_s^2(l)) \tag{3.23}$$

$$= \mathcal{N}(s(l)|\mathbf{g}^{\mathrm{T}}(\mathbf{l}, l)\boldsymbol{\mu_q}, \mathbf{g}(\mathbf{l}, l)\boldsymbol{\Sigma_q}\mathbf{g}^{\mathrm{T}}(\mathbf{l}, l)). \tag{3.24}$$

Beachtenswert ist, dass sowohl der Mittelwert $\mu_s(l)$ als auch die Varianz $\sigma_s^2(l)$ von l abhängen und die Funktion $\mu_s(l)$ exakt die erwarteten Positionen der Stützstellen interpoliert. In Bild 3.2 sind exemplarisch die Verteilungen des Stützstellenvektors und der korrespondierenden Splinefunktion sowie jeweils 10 Realisierungen für eine Funktion mit insgesamt $M = 6$ Stützstellen zu sehen.

3.2.2   Lineares zweidimensionales Modell

Die global kubische Splinekurve $\mathbf{s}(l)$ interpoliert die Stützstellen $\mathbf{p}_i \in \mathbb{R}^2$ für eine Folge von Parametern l_i mit $i = 1, \ldots, M$. Zur eindeutigen Beschreibung der Kurve $\mathbf{s}(l)$ werden zwei voneinander unabhängige Komponentenfunktionen $s_x(l)$ und $s_y(l)$ benötigt. Bei denen handelt es sich um global kubische Splinefunktionen, für die in Kapitel 3.2.1 ein lineares 1D-Modell hergeleitet werden konnte. Eine für das weitere Vorgehen grundlegende, ebenfalls lineare Beschreibung der Kurve $\mathbf{s}(l)$ basiert auf der entwickelten Darstellung. Sie wird in diesem Kapitel vorgestellt.

Die Parameter l_i und die Stützstellen $\mathbf{p}_i = (p_{x,i}, p_{y,i})^{\mathrm{T}}$ werden zunächst zu den Vektoren

$$\mathbf{l} = (l_1, \ldots, l_M)^{\mathrm{T}}, \tag{3.25}$$

$$\mathbf{q}_x = (p_{x,1}, \ldots, p_{x,M})^{\mathrm{T}} \text{ und} \tag{3.26}$$

$$\mathbf{q}_y = (p_{y,1}, \ldots, p_{y,M})^{\mathrm{T}} \tag{3.27}$$

gruppiert. Mit der Gleichung (3.20) erhält man anschließend die Parameterdarstellung der ebenen Kurve

$$\mathbf{s}(l) = \begin{bmatrix} s_x(l) \\ s_y(l) \end{bmatrix} = \begin{bmatrix} \mathbf{g}^{\mathrm{T}}(\mathbf{l}, l) & \mathbf{0} \\ \mathbf{0} & \mathbf{g}^{\mathrm{T}}(\mathbf{l}, l) \end{bmatrix} \cdot \begin{bmatrix} \mathbf{q}_x \\ \mathbf{q}_y \end{bmatrix} := \mathbf{G}(\mathbf{l}, l)\mathbf{x}, \tag{3.28}$$

deren Entstehung in Bild 3.3 exemplarisch mit Hilfe eines Kreuzdiagramms dargestellt ist.

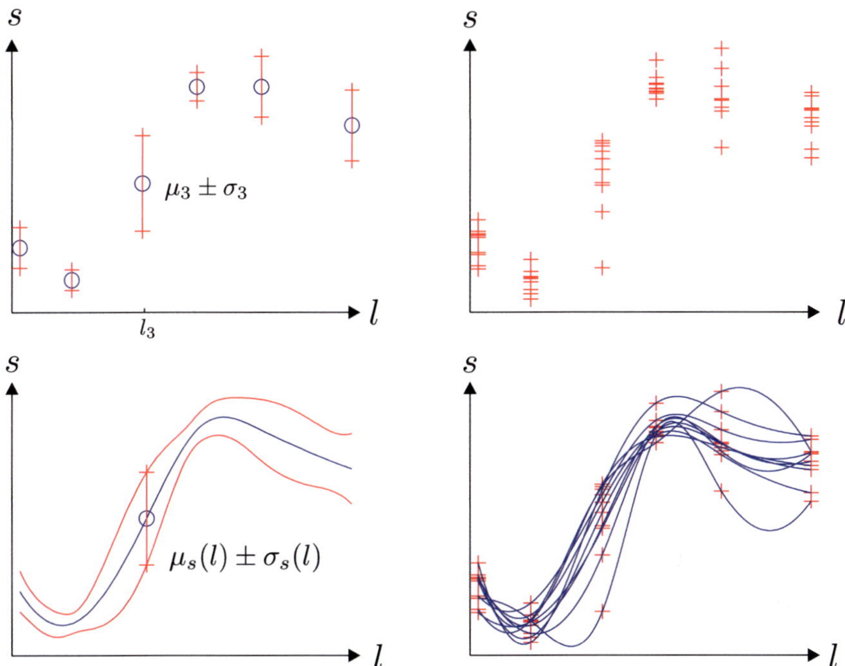

Bild 3.2: Veranschaulichung der Interpolation mit $M = 6$ Stützstellen: Basierend auf den Stützstellen $p_i \sim \mathcal{N}(\mu_i, \sigma_i^2)$ mit $i = 1, \ldots, 6$ (links oben) ergibt sich der erwartete kontinuierliche Verlauf $\mu_s(l)$ in blau und der Verlauf der Standardabweichung $\sigma_s(l)$ in rot (links unten). Zusätzlich sind in der rechten Spalte 10 Realisierungen der korrespondierenden Verteilungen visualisiert.

Entsprechend Gleichung (3.28) ergibt sich der Verlauf der vektorwertigen Funktion $\mathbf{s}(l)$ durch Überlagerung von M Basisfunktionen $\phi_i(\mathbf{l}, l)$ gemäß

$$\mathbf{s}(l) = \begin{bmatrix} \mathbf{g}^{\mathrm{T}}(\mathbf{l}, l)\mathbf{q}_x \\ \mathbf{g}^{\mathrm{T}}(\mathbf{l}, l)\mathbf{q}_y \end{bmatrix} = \sum_{i=1}^{M} \phi_i(\mathbf{l}, l) \begin{bmatrix} p_{x,i} \\ p_{y,i} \end{bmatrix}. \tag{3.29}$$

Die Anzahl der Basisfunktionen M ist dabei unabhängig von der Dimension der Kurve. Sie ist stattdessen identisch zur Anzahl der verwendeten Stützstellen. Weiterhin ist es bei Kenntnis des Kurvenparametervektors $\mathbf{l}$ möglich, die Basisfunktionen $\phi_i(\mathbf{l}, l)$ vorab zu berechnen.

Um geometrische Unsicherheit in das Modell zu integrieren, wird analog zur Vorgehensweise in Kapitel 3.2.1 der Stützstellenvektor $\mathbf{x} = (\mathbf{q}_x^{\mathrm{T}}, \mathbf{q}_y^{\mathrm{T}})^{\mathrm{T}}$ als gaußverteilte, multivariate Zufallsvariable modelliert, die der Dichte $p(\mathbf{x}) = \mathcal{N}(\mathbf{x}|\boldsymbol{\mu}_{\mathbf{x}}, \boldsymbol{\Sigma}_{\mathbf{x}})$ genügt. Die Kovarianzmatrix lautet in Blockform

$$\boldsymbol{\Sigma}_{\mathbf{x}} = \begin{bmatrix} \boldsymbol{\Sigma}_{\mathbf{q}_x \mathbf{q}_x} & \boldsymbol{\Sigma}_{\mathbf{q}_x \mathbf{q}_y} \\ \boldsymbol{\Sigma}_{\mathbf{q}_x \mathbf{q}_y}^{\mathrm{T}} & \boldsymbol{\Sigma}_{\mathbf{q}_y \mathbf{q}_y} \end{bmatrix}, \tag{3.30}$$

wobei $\boldsymbol{\Sigma}_{\mathbf{q}_x \mathbf{q}_x}$ die Kovarianzmatrix der Stützstellen der x-Komponentenfunktion, $\boldsymbol{\Sigma}_{\mathbf{q}_y \mathbf{q}_y}$ die Kovarianzmatrix der Stützstellen der y-Komponentenfunktion und $\boldsymbol{\Sigma}_{\mathbf{q}_x \mathbf{q}_y}$ die Kreuzkovarianzmatrix zwischen den Stützstellen der x- und der y-Komponentenfunktion ist.

In Abhängigkeit der Verteilung von $\mathbf{x}$ ergibt sich die Verteilung der Splinekurve. Die Unsicherheit von $\mathbf{x}$ hat direkt Einfluss auf die Unsicherheit des Kurvenverlaufs. Aufgrund der linearen Transformation (3.28) sind die Kurvenpositionen entlang der parametrisierten Kurve $\mathbf{s}(l)$ für jeden gültigen Wert des Parameters $l \in [l_1, l_M]$ ebenfalls gaußverteilt und durch die ersten beiden Momente vollständig beschrieben. Diese sind, wie in Bild 3.3 exemplarisch dargestellt, wiederum Funktionen von l und es gilt

$$\begin{aligned} p(\mathbf{s}(l)) &= \mathcal{N}(\mathbf{s}(l)|\boldsymbol{\mu}_{\mathbf{s}}(l), \boldsymbol{\Sigma}_{\mathbf{s}}(l)) \tag{3.31} \\ &= \mathcal{N}(\mathbf{s}(l)|\mathbf{G}(\mathbf{l}, l)\boldsymbol{\mu}_{\mathbf{x}}, \mathbf{G}(\mathbf{l}, l)\boldsymbol{\Sigma}_{\mathbf{x}}\mathbf{G}^{\mathrm{T}}(\mathbf{l}, l)). \tag{3.32} \end{aligned}$$

In Bild 3.4 sind die Verteilungen des Stützstellenvektors und der korrespondierenden Splinekurve sowie jeweils 5 Realisierungen in einem realistischen Szenario zu sehen.

Im weiteren Verlauf wird beispielsweise zur modellbasierten Prädiktion der Fahrzeugrichtung der Tangentenvektor $\mathbf{t}$ für einen gegebenen Wert des Parameters l

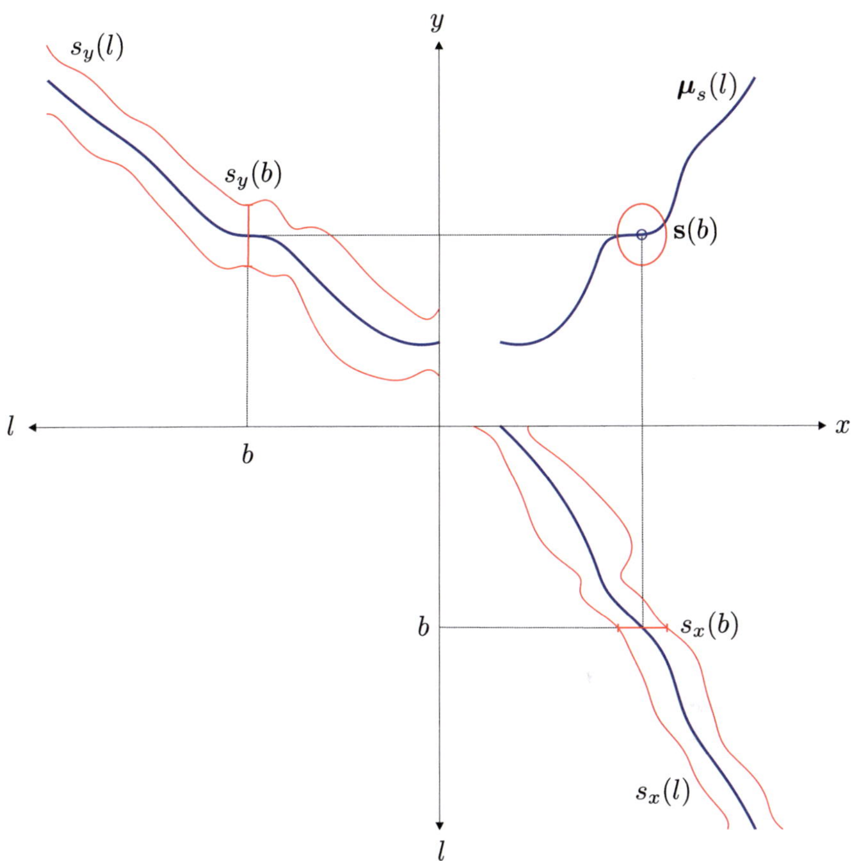

Bild 3.3: Stochastisches Kreuzdiagramm einer unsicherheitsbehafteten ebenen Splinekurve: Man erhält für jeden gültigen Wert b des Kurvenparameters durch Überlagerung der Funktionswerte der beiden Komponentenfunktionen $s_x(b)$ und $s_y(b)$ die Verteilung der korrespondierenden Kurvenposition $\mathbf{s}(b)$ in der Ebene. Im hier dargestellten Fall sind die Stützstellenvektoren $\mathbf{q}_x$ und $\mathbf{q}_y$ unkorreliert, weswegen die Kovarianzellipse parallel zu den Koordinatenachsen ausgerichtet ist.

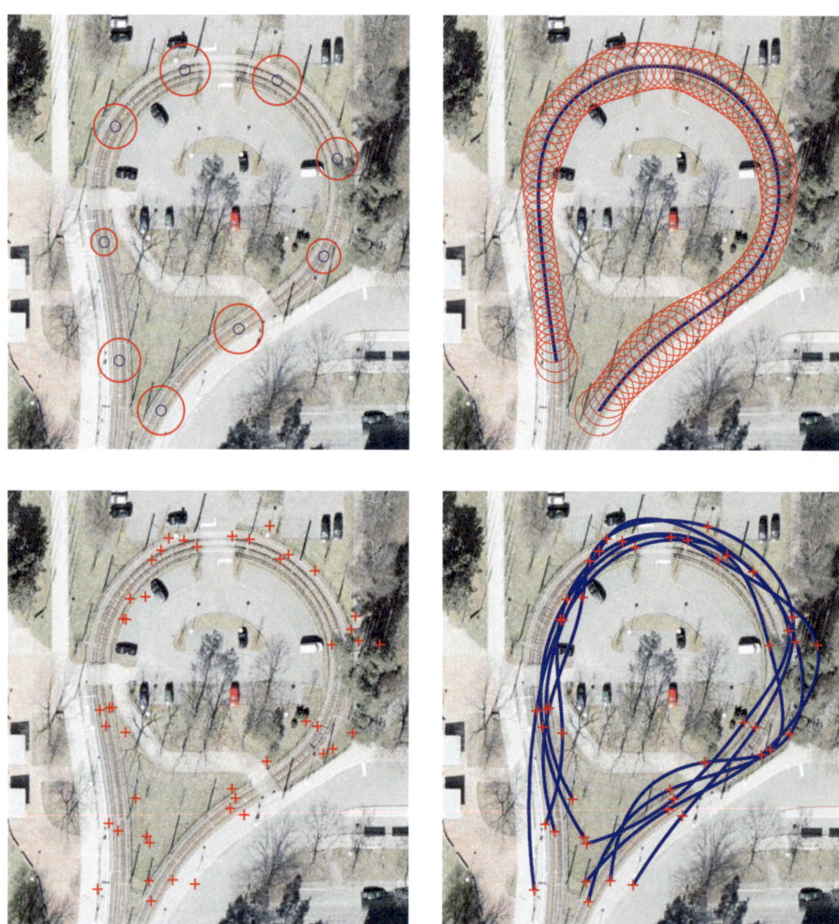

Bild 3.4: Veranschaulichung der Interpolation von $M = 9$ Stützstellen $\mathbf{p}_i \in \mathbb{R}^2$: Basierend auf den unsicheren Positionen (links oben) ergibt sich der erwartete kontinuierliche Verlauf (rechts oben) in blau und die Unsicherheit des Verlaufs durch ausgewählte Kovarianzellipsen entlang der Kurve in rot. Zusätzlich sind 5 Realisierungen der Stützstellenverteilung (links unten) und die entsprechende Kurvenschar (rechts unten) zu sehen.

benötigt. Dieser ergibt sich durch Ableiten der beiden Komponenten der Spline-kurve $\mathbf{s}(l)$. Ausgehend von Gleichung (3.28) folgt der Zusammenhang zwischen dem Stützstellenvektor $\mathbf{x}$ und der Funktion des Tangentenvektors $\mathbf{t}(l)$ gemäß

$$\mathbf{t}(l) = \mathbf{s}'(l) = \mathbf{G}'(\mathbf{1}, l)\mathbf{x} = \begin{bmatrix} (\mathbf{g}^{\mathrm{T}}(\mathbf{1}, l))' & \mathbf{0} \\ \mathbf{0} & (\mathbf{g}^{\mathrm{T}}(\mathbf{1}, l))' \end{bmatrix} \mathbf{x} \tag{3.33}$$

mit

$$(\mathbf{g}^{\mathrm{T}}(\mathbf{1}, l))' = \mathbf{k}_i^{\mathrm{T}}(\mathbf{B} + 2\mathbf{C}(l - l_i) + 3\mathbf{D}(l - l_i)^2). \tag{3.34}$$

Entsprechend der obigen Argumentation ist auch $\mathbf{t}(l)$ gaußverteilt und die Verteilung lässt sich bei bekannter Dichte von $\mathbf{x}$ direkt angeben. Sie lautet

$$\begin{aligned} p(\mathbf{t}(l)) &= \mathcal{N}(\mathbf{t}(l)|\boldsymbol{\mu}_\mathbf{t}(l), \boldsymbol{\Sigma}_\mathbf{t}(l)) \tag{3.35} \\ &= \mathcal{N}(\mathbf{t}(l)|\mathbf{G}'(\mathbf{1}, l)\boldsymbol{\mu}_\mathbf{x}, \mathbf{G}'(\mathbf{1}, l)\boldsymbol{\Sigma}_\mathbf{x}(\mathbf{G}'(\mathbf{1}, l))^{\mathrm{T}}). \tag{3.36} \end{aligned}$$

Aus Gründen der Lesbarkeit wird im weiteren Verlauf der Arbeit die Abhängigkeit der Funktionen $\mathbf{g}(.)$ und $\mathbf{G}(.)$ vom Vektor $\mathbf{1}$ nur dann explizit angegeben, wenn dies zum Verständnis benötigt wird.

3.3 Bayes'sche Kartierung

Auf Basis des entwickelten stochastischen Splinemodells wurde in [Hasberg u. Hensel 2008] ein Verfahren zur Kartierung unbekannter Fahrzeugtrassen mit Beobachtungen eines GPS-Messsystems erfolgreich umgesetzt. Eine Erweiterung wurde in [Hasberg u. Hensel 2010a] vorgeschlagen, um auch die Modelldimension auf Grundlage der Daten bestimmen zu können: Die Bayes'sche Kartierung basiert auf der in [MacKay 2003] präsentierten zweistufigen Methode zur Schätzung des Modells auf der Grundlage des Satzes von Bayes. Die prinzipielle Vorgehensweise wird zunächst allgemein zusammengefasst. Detaillierte Beschreibungen sind darüber hinaus in [Duda u. a. 2001] und [Bishop 2006] zu finden. Im Anschluss daran folgt die Umsetzung der Strategie zur Lösung der formulierten Kartierungsaufgabe.

Jedes Element der Menge $\{\mathcal{M}_j\}_{j=1}^J$ repräsentiert ein Modell. Weiterhin beschreibt der Vektor $\mathbf{x}$ die unbekannten Parameter des Modells $\mathcal{M}_j$ und $\mathcal{D}$ die zur Verfügung stehenden Daten. Die Auswahl eines der Modelle und die Schätzung der Modellparameter $\mathbf{x}$ erfolgt in zwei Stufen:

1. **Regression:** In der ersten Stufe werden die Modellparameter $\mathbf{x}$ der konkurrierenden Modelle bestimmt. Ausgangspunkt ist jeweils ein Modell $\mathcal{M}_j$, das den Zusammenhang zwischen den vorliegenden Daten $\mathcal{D}$ und dem unbekannten Modellparametervektor $\mathbf{x}$ beschreibt.

   Im Inferenzschritt werden die Daten $\mathcal{D}$ entsprechend dem Satz von Bayes mit Vorwissen über die Parameter kombiniert. Die resultierende a posteriori Dichte lautet

   $$p(\mathbf{x}|\mathcal{D}, \mathcal{M}_j) = \frac{p(\mathcal{D}|\mathbf{x}, \mathcal{M}_j)p(\mathbf{x}|\mathcal{M}_j)}{p(\mathcal{D}|\mathcal{M}_j)}. \tag{3.37}$$

   und die Normalisierungskonstante

   $$p(\mathcal{D}|\mathcal{M}_j) = \int p(\mathcal{D}|\mathbf{x}, \mathcal{M}_j)p(\mathbf{x}|\mathcal{M}_j)d\mathbf{x} \tag{3.38}$$

   wird als Evidenz bezeichnet.

   Ausgehend von der a posteriori Dichte kann jetzt eine Aussage über den Wert des Parametervektors getroffen werden. Es ist üblich, beispielsweise unter Zuhilfenahme von Gradientenmethoden, das Maximum der a posteriori Dichte zu bestimmen [MacKay 2003]. Es stellt den wahrscheinlichsten Wert des Parameters $\mathbf{x}$ dar und wird mit $\hat{\mathbf{x}}$ bezeichnet. Häufig kann dieser mit

   $$\hat{\mathbf{x}} = \arg\max_{\mathbf{x}} p(\mathbf{x}|\mathcal{D}, \mathcal{M}_j) \tag{3.39}$$

   $$= \arg\max_{\mathbf{x}} p(\mathcal{D}|\mathbf{x}, \mathcal{M}_j)p(\mathbf{x}|\mathcal{M}_j) \tag{3.40}$$

   berechnet werden, ohne dazu die a posteriori Dichte normalisieren zu müssen.

2. **Modellvergleich und Modellauswahl:** In der zweiten Stufe werden die konkurrierenden Modelle miteinander verglichen und es wird eines der Modelle ausgewählt. Die Entscheidung für die Auswahl eines Modells wird dabei ausgehend von

   $$p(\mathcal{M}_j|\mathcal{D}) = \frac{p(\mathcal{D}|\mathcal{M}_j)p(\mathcal{M}_j)}{p(\mathcal{D})} \tag{3.41}$$

   getroffen. Da kein Vorwissen über die Modelle verfügbar ist, sei

   $$p(\mathcal{M}_j) = \frac{1}{J} \text{ für } j = 1, \dots, J. \tag{3.42}$$

Entsprechend dieser Annahme ist die a posteriori Dichte $p(\mathcal{M}_j|\mathcal{D})$ proportional zur Evidenz (3.38), die deshalb zur Bewertung der Modelle herangezogen wird und auf deren Grundlage die Modelle verglichen werden. Das Modell mit der höchsten Evidenz

$$\hat{\mathcal{M}} = \arg\max_{\mathcal{M}_j} p(\mathcal{D}|\mathcal{M}_j) \tag{3.43}$$

wird ausgewählt. Entsprechend Gleichung (3.38) erhält man $p(\mathcal{D}|\mathcal{M}_j)$ durch Marginalisierung über die Modellparameter $\mathbf{x}$. Man spricht deshalb häufig von der Marginal-Likelihood [Rasmussen u. Williams 2006].

Um die Stützstellenanzahl des Splinemodells anhand einer Folge verrauschter Beobachtungen zu bestimmen, wird im weiteren Verlauf des Kapitels eine zweistufige Bayes'sche Strategie vorgestellt, die auf der Maximierung der Modellevidenz basiert. Die Vorgehensweise liefert neben der ganzzahligen Stützstellenanzahl auch die a posteriori Dichte des Stützstellenvektors, auf deren Grundlage dann Vorhersagen des kontinuierlichen Kurvenverlaufs möglich sind.

3.3.1 Schätzung der Modellparameter

Es liegen Daten $\mathcal{D} = \{(b_n, \hat{\mathbf{z}}_n)\}_{n=1}^{N}$ in Form von N verrauschten Beobachtungen $\hat{\mathbf{z}}_n \in \mathbb{R}^2$ der Kurvenposition bei jeweils gegebenem Wert des Kurvenparameters b_n vor. Die Behandlung der Parameterwerte als exakt bekannte Eingangsgrößen setzt eine perfekte Odometrie voraus, die in sehr guter Näherung durch das Wirbelstromsensorsystem zur Verfügung gestellt wird [Hensel 2011]. Zusammengefasst ergibt sich der Vektor der Beobachtungen $\hat{\mathbf{z}} = [\hat{\mathbf{z}}_1^\mathrm{T}, \ldots, \hat{\mathbf{z}}_N^\mathrm{T}]^\mathrm{T} \in \mathbb{R}^{2N}$. Es wird weiter angenommen, dass die Beobachtungen gaußverteilt sind und die Kovarianzmatrix $\boldsymbol{\Sigma}_\mathbf{z} = \sigma_\mathbf{z}^2 \mathbf{I}_{2N}$ bekannt ist.

Jedes Modell $\mathcal{M}_j$ ist eine global kubische Splinekurve $\mathbf{s}(l)$ mit einer ganzzahligen Stützstellenanzahl $M \in \{1, 2, \ldots, J\}$ mit bekannter oberer Schranke J. Die Abstände zwischen den Stützstellen eines Splinemodells $\mathcal{M}_j$ sind äquidistant und der Parametervektor $\mathbf{x}$ des Modells lautet $\mathbf{x} = (\mathbf{q}_x^\mathrm{T}, \mathbf{q}_y^\mathrm{T})^\mathrm{T} \in \mathbb{R}^{2M}$ gemäß Gleichung (3.28). Je nach erwarteter Trassenform ist jedoch eine unregelmäßige Anordnung der Stützstellen entlang der Kurve sinnvoll. Da die Eisenbahnbau- und Betriebsordnung [EBO] sowohl beim Entwurf als auch beim Bau neuer Trassen eine gleichbleibende Charakteristik einzelner Trassen fordert, wird auf die Variation der Abstände verzichtet.

Die Likelihood-Funktion der Parameter $\mathbf{x}$ folgt aus dem in Kapitel 3.2 hergeleiteten 2D-Modell der Splines. Entsprechend Gleichung (3.28) liegt ein linearer Zusammenhang zwischen der Kurve $\mathbf{s}(l)$ und dem Stützstellenvektor $\mathbf{x}$ gemäß

$$\mathbf{s}(l) = \mathbf{G}(l)\mathbf{x} \tag{3.44}$$

vor. Unter Ausnutzung dieser Beziehung und einem additiven Rauschterm $\mathbf{e} = [\mathbf{e}_1^\mathrm{T}, \ldots, \mathbf{e}_N^\mathrm{T}]^\mathrm{T}$ können die Beobachtungen $\hat{\mathbf{z}}$ insgesamt in einer linearen Beobachtungsgleichung

$$\hat{\mathbf{z}} + \mathbf{e} = \begin{bmatrix} \hat{\mathbf{z}}_1 \\ \vdots \\ \hat{\mathbf{z}}_N \end{bmatrix} + \begin{bmatrix} \mathbf{e}_1 \\ \vdots \\ \mathbf{e}_N \end{bmatrix} = \begin{bmatrix} \mathbf{s}(b_1) \\ \vdots \\ \mathbf{s}(b_N) \end{bmatrix} = \begin{bmatrix} \mathbf{G}(b_1) \\ \vdots \\ \mathbf{G}(b_N) \end{bmatrix} \mathbf{x} := \mathbf{H}\mathbf{x} \tag{3.45}$$

erklärt werden [Hasberg 2009]. Die Likelihood-Funktion der Parameter $\mathbf{x}$ lautet

$$p(\hat{\mathbf{z}}|\mathbf{x}, \mathcal{M}_j) = \mathcal{N}(\hat{\mathbf{z}}|\mathbf{H}\mathbf{x}, \boldsymbol{\Sigma}_\mathbf{z}) = \mathcal{N}(\hat{\mathbf{z}}|\mathbf{H}\mathbf{x}, \sigma_\mathbf{z}^2 \mathbf{I}_{2N}). \tag{3.46}$$

Im Unterschied zu Polynomkoeffizienten sind die Stützstellen des Splinemodells anschaulich interpretierbar. Dies erleichtert eine Initialisierung des Parametervektors $\mathbf{x}$. Insgesamt wird das Vorwissen über die Positionen der Stützstellen in der a priori Dichte der Modellparameter zusammengefasst. Dabei werden die Koordinaten der Stützstellen im raumfesten Koordinatensystem durch eine Gauß-Verteilung mit der Kovarianzmatrix $\boldsymbol{\Sigma}_\mathbf{x} = \sigma_\mathbf{x}^2 \mathbf{I}_{2M}$ modelliert. Entsprechend ist die a priori Dichte durch

$$p(\mathbf{x}|\mathcal{M}_j) = \mathcal{N}(\mathbf{x}|\boldsymbol{\mu}_\mathbf{x}, \boldsymbol{\Sigma}_\mathbf{x}) = \mathcal{N}(\mathbf{x}|\boldsymbol{\mu}_\mathbf{x}, \sigma_\mathbf{x}^2 \mathbf{I}_{2M}) \tag{3.47}$$

vollständig beschrieben.

Die a posteriori Dichte ist proportional zum Produkt aus Likelihood-Funktion und a priori Dichte. Aufgrund der konjugierten Gauß'schen a priori Dichte ist diese ebenfalls gaußverteilt. Ihre analytische Beschreibung ergibt sich entsprechend der Rechenregeln im Anhang A.2 und lautet

$$p(\mathbf{x}|\hat{\mathbf{z}}, \mathcal{M}_j) = \mathcal{N}(\mathbf{x}|\boldsymbol{\mu}_{\mathbf{x}|\mathbf{z}}, \boldsymbol{\Sigma}_{\mathbf{x}|\mathbf{z}}) \tag{3.48}$$

mit

$$\boldsymbol{\mu}_{\mathbf{x}|\mathbf{z}} = \sigma_\mathbf{z}^{-2} \boldsymbol{\Sigma}_{\mathbf{x}|\mathbf{z}} \mathbf{H}^\mathrm{T} \hat{\mathbf{z}} + \sigma_\mathbf{x}^{-2} \boldsymbol{\Sigma}_{\mathbf{x}|\mathbf{z}} \boldsymbol{\mu}_\mathbf{x}$$
$$\boldsymbol{\Sigma}_{\mathbf{x}|\mathbf{z}} = \left(\sigma_\mathbf{z}^{-2} \mathbf{H}^\mathrm{T} \mathbf{H} + \sigma_\mathbf{x}^{-2} \mathbf{I}_{2M}\right)^{-1}.$$

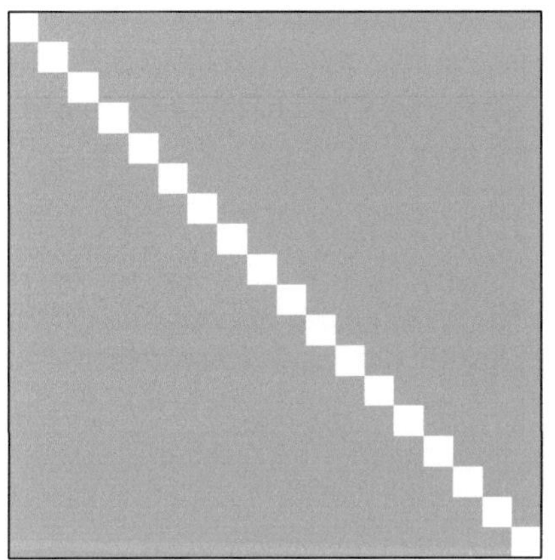 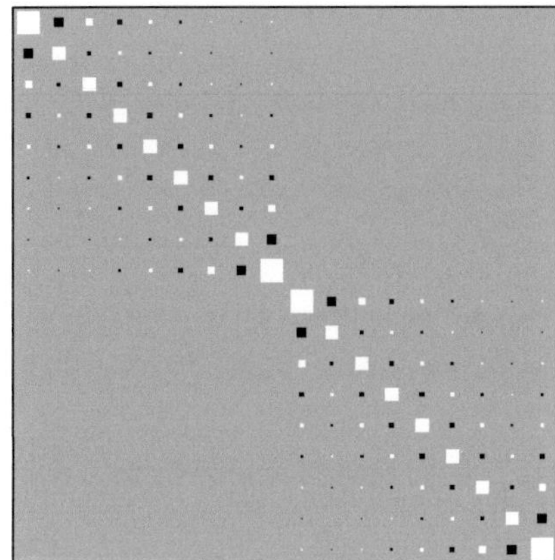

Bild 3.5: Hinton-Diagramm [Hinton u. Sejnowski 1986] der Kovarianzmatrizen $\Sigma_{\mathbf{x}}$ (links) und $\Sigma_{\mathbf{x}|\mathbf{z}}$ (rechts) für $M = 9$ Stützstellen: Jedes Element der Matrix wird als Quadrat dargestellt, dessen Fläche proportional zum Betrag des korrespondierenden Matrixeintrags ist. Dabei entspricht weiß einem positiven und schwarz einem negativen Wert. Verursacht durch den globalen Einfluss jeder einzelnen Basisfunktion, sind die Stützstellen der beiden Komponentenfunktionen korreliert und die Einträge der Teilmatrizen $\Sigma_{\mathbf{q}_x \mathbf{q}_x|\mathbf{z}}$ und $\Sigma_{\mathbf{q}_y \mathbf{q}_y|\mathbf{z}}$ der a posteriori Dichte sind alle ungleich Null. Eine Korrelation zwischen den Funktionen besteht jedoch nicht. Entsprechend gilt $\Sigma_{\mathbf{q}_x \mathbf{q}_y|\mathbf{z}} = \mathbf{0}$.

In Bild 3.5 ist die Kovarianzmatrix der a priori Dichte und die Kovarianzmatrix der a posteriori Dichte der Modellparameter $\mathbf{x}$ abgebildet. Da die a posteriori Dichte eine Gauß-Verteilung ist, stimmen Mittelwert und Maximum überein. Dadurch ist die Maximum der a posteriori Dichte direkt durch $\hat{\mathbf{x}} = \boldsymbol{\mu}_{\mathbf{x}|\mathbf{z}}$ gegeben.

3.3.2 Berechnung der Modellevidenz

Entsprechend der beschriebenen Strategie wird die Evidenz als Kriterium verwendet, um aus der Menge unterschiedlicher Modelle ein Modell auszuwählen. Die Evidenz nach Gleichung (3.38) lautet

$$p(\hat{\mathbf{z}}|\mathcal{M}_j) = \int p(\hat{\mathbf{z}}|\mathbf{x}, \mathcal{M}_j)p(\mathbf{x}|\mathcal{M}_j)d\mathbf{x}. \tag{3.49}$$

Da sowohl die Likelihood-Funktion (3.46) als auch die a priori Dichte (3.47) gegeben und gaußverteilt sind, ist es möglich, die gesuchte Randverteilung analytisch anzugeben. Die Integration über die Modellparameter $\mathbf{x}$ (siehe Anhang A.2) ergibt

$$p(\hat{\mathbf{z}}|\mathcal{M}_j) = \mathcal{N}(\hat{\mathbf{z}}|\mathbf{H}\boldsymbol{\mu}_{\mathbf{x}}, \sigma_{\mathbf{x}}^2\mathbf{H}\mathbf{H}^{\mathrm{T}} + \sigma_{\mathbf{z}}^2\mathbf{I}_{2N}). \tag{3.50}$$

Durch Logarithmieren vereinfacht sich die Berechnung der Evidenz und der abschließende Modellvergleich basiert auf der logarithmierten Evidenz gemäß

$$\ln p(\hat{\mathbf{z}}|\mathcal{M}_j) = -N\ln(2\pi) - \frac{1}{2}\ln\Big(\det(\sigma_{\mathbf{x}}^2\mathbf{H}\mathbf{H}^{\mathrm{T}} + \sigma_{\mathbf{z}}^2\mathbf{I}_{2N})\Big)$$
$$- \frac{1}{2}(\hat{\mathbf{z}} - \mathbf{H}\boldsymbol{\mu}_{\mathbf{x}})^{\mathrm{T}}(\sigma_{\mathbf{x}}^2\mathbf{H}\mathbf{H}^{\mathrm{T}} + \sigma_{\mathbf{z}}^2\mathbf{I}_{2N})^{-1}(\hat{\mathbf{z}} - \mathbf{H}\boldsymbol{\mu}_{\mathbf{x}}). \tag{3.51}$$

Das so abgeleitete Kriterium zur Bewertung einzelner Modelle kann für $\boldsymbol{\mu}_{\mathbf{x}} = \mathbf{0}$ anschaulich mit Hilfe der a posteriori Dichte (3.48) ausgedrückt werden (Nebenrechnung im Anhang A.4). Es gilt:

$$\ln p(\hat{\mathbf{z}}|\mathcal{M}_j) = \underbrace{-\frac{1}{2\sigma_{\mathbf{z}}^2}\|\hat{\mathbf{z}} - \mathbf{H}\boldsymbol{\mu}_{\mathbf{x}|\mathbf{z}}\|^2 - \frac{1}{2}\ln\Big(\det(\boldsymbol{\Sigma}_{\mathbf{x}|\mathbf{z}}^{-1})\Big)}_{:=k_1}$$
$$\underbrace{-\frac{1}{2\sigma_{\mathbf{x}}^2}\boldsymbol{\mu}_{\mathbf{x}|\mathbf{z}}^{\mathrm{T}}\boldsymbol{\mu}_{\mathbf{x}|\mathbf{z}} - M\ln(\sigma_{\mathbf{x}}^2)}_{:=k_2} \underbrace{-N\Big(\ln(2\pi) + \ln(\sigma_{\mathbf{z}}^2)\Big)}_{:=k_3}. \tag{3.52}$$

Während der Term k_1 in Gleichung (3.52) im Allgemeinen mit ansteigender Anzahl zur Verfügung stehender Basisfunktionen ansteigende Werte annimmt und somit flexiblere Modelle bevorzugt, fungiert der Term k_2 als Gegenspieler. Dieser Regularisierungsterm bestraft Modelle mit vielen Stützstellen[4]. Insgesamt berücksichtigt die Maximierung von (3.52) gemäß (3.43) beide Einflüsse und ermöglicht eine ausgewogene Entscheidung für eines der zugrunde gelegten Modelle. Der Wert des Terms k_3 ist für alle Modelle gleich, beeinflusst die Entscheidung also nicht. Unabhängig von der a priori Dichte des Parametervektors $\mathbf{x}$ ist die Maximierung der Evidenz für $N \to \infty$ äquivalent zur Minimierung des BIC [Stoica u. Selen 2004].

---

[4]Im Bereich des Maschinellen Lernens ist in diesem Zusammenhang häufig vom Ockham-Faktor die Rede, beispielsweise in [MacKay 2003].

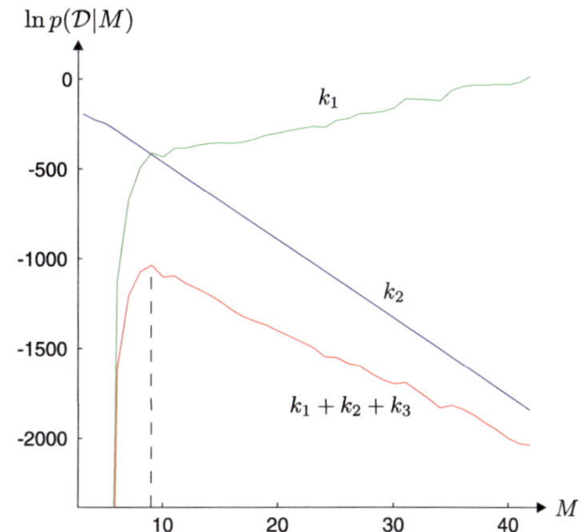

Bild 3.6: Links: Beobachtungen $\hat{\mathbf{z}}_n \in \mathbb{R}^2$ mit $n = 1,\ldots,50$ (grün) entlang der Wendeschleife, Rechts: Logarithmus der Evidenz (3.52) gegenüber der verwendeten Anzahl M an Basisfunktionen bzw. Stützstellen

3.3.3 Kartierung einer Trasse

Anhand der in Bild 3.6 abgebildeten Wendeschleife wird exemplarisch ein Ergebnis des entwickelten Verfahrens vorgestellt. Zunächst werden entlang der Referenzkurve gleichmäßig Positionen synthetisch erzeugt. Dies entspricht einer Fahrt mit konstanter Geschwindigkeit entlang der abgebildeten Trasse. Den so generierten idealen Beobachtungen wird dann ein mittelwertfreies Gauß'sches Rauschen mit der Kovarianz $\sigma_{\mathbf{z}}^2 \mathbf{I}_{2N}$ additiv überlagert.

Auf Grundlage der Beobachtungen erfolgt die Schätzung der Modellparameter $\mathbf{x}$ für die Modelle $\mathcal{M}_j$ mit $M \in \{1,\ldots,50\}$. Anschließend können die Kurven $\mathbf{s}(l)$ für $l_1 \leq l \leq l_M$ für jedes der Modelle vorhergesagt werden. Durch Marginalisieren erhält man

$$p(\mathbf{s}(l)|\hat{\mathbf{z}}, \mathcal{M}_j) = \int p(\mathbf{s}(l)|\mathbf{x}, \mathcal{M}_j) p(\mathbf{x}|\hat{\mathbf{z}}, \mathcal{M}_j) d\mathbf{x} \qquad (3.53)$$

$$= \int \mathcal{N}(\mathbf{s}(l)|\mathbf{G}(l)\mathbf{x}, \sigma_{\mathbf{z}}^2 \mathbf{I}_2) \mathcal{N}(\mathbf{x}|\boldsymbol{\mu}_{\mathbf{x}|\mathbf{z}}, \boldsymbol{\Sigma}_{\mathbf{x}|\mathbf{z}}) d\mathbf{x}. \qquad (3.54)$$

Es ergibt sich wieder eine Gauß-Dichte, mit

$$p(\mathbf{s}(l)|\hat{\mathbf{z}}, \mathcal{M}_j) = \mathcal{N}(\mathbf{s}(l)|\mathbf{G}(l)\boldsymbol{\mu}_{\mathbf{x}|\mathbf{z}}, \mathbf{G}(l)\boldsymbol{\Sigma}_{\mathbf{x}|\mathbf{z}}\mathbf{G}^{\mathrm{T}}(l) + \sigma_{\mathbf{z}}^2 \mathbf{I}_2). \qquad (3.55)$$

Während der erste Term der Kovarianzmatrix die Vorhersageunsicherheit aufgrund der geschätzten Modellparameter $\mathbf{x}$ beinhaltet, beschreibt der zweite Term das Rauschen der Beobachtungen.

In Bild 3.6 ist die Modellevidenz über der Anzahl der verwendeten Basisfunktionen dargestellt. Gemeinsam mit Bild 3.7 ist der Verlauf der Evidenz für die ansteigende Anzahl an Basisfunktionen bzw. Stützstellen direkt nachvollziehbar: Für $M = 3$ ist die Qualität des Modells zur Vorhersage der Trasse ungenügend und entsprechend ist der Wert der Evidenz verschwindend klein. Verwendet man stattdessen $M = 9$ Stützstellen, ergibt sich das Modell mit dem maximalen Wert der Evidenz und präzise Vorhersagen der Geometrie sind möglich. Erhöht man die Modelldimension weiter, sinkt die Evidenz gegenüber dem Modell mit $M = 9$ Basisfunktionen wieder ab. Die zusätzlichen Modellfreiheitsgrade führen zu keiner sichtbaren Verbesserung der Vorhersage der Geometrie.

3.4 Zusammenfassung

Das vorliegende Kapitel liefert eine kompakte Beschreibung global kubischer Splines und ein Verfahren zur Kartierung einzelner Fahrzeugtrassen. Aufgrund ihrer Eignung werden global kubische Splines zur Modellierung unterschiedlichster Trassen verwendet. Basierend auf der klassischen zweistufigen Methode zur Berechnung der Splinekoeffizienten wird ein lineares stochastisches Modell zur Vorhersage des kontinuierlichen Trassenverlaufs in einem einzigen Schritt hergeleitet. Als Geometrie beschreibende Modellparameter werden dabei die Splinestützstellen verwendet. Diese eignen sich hervorragend zur Integration geometrischer Unsicherheit. Sie sind zudem, im Gegensatz zu Splinekoeffizienten, anschaulich interpretierbar. Neben den Positionen dieser Stützstellen ist auch deren notwendige Anzahl vorab nicht bekannt und wird im Rahmen einer Bayes'schen Kartierung bestimmt.

Die Bayes'sche Kartierung gliedert sich in zwei Stufen: Zunächst werden die Modellparameter einzelner Fahrzeugtrassen auf der Basis aller zur Verfügung stehender Beobachtungen geschätzt. Durch Maximierung der Evidenz wird im zweiten Schritt die Dimension des Modells festgelegt, wobei eine Überanpassung des Modells systematisch verhindert wird. Aufgrund der Linearität des Geometriemodells und der Verwendung konjugierter Wahrscheinlichkeitsverteilungen können sowohl die a posteriori Dichte der Modellparameter als auch die Modellevidenz analytisch angegeben werden. Als Konsequenz bildet die entwickelte Vorgehensweise Messunsicherheiten vollständig in die Modellparameter ab. Sie schafft so die Voraussetzung, Karteninformation in nachfolgenden Verarbeitungsschritten, entspre-

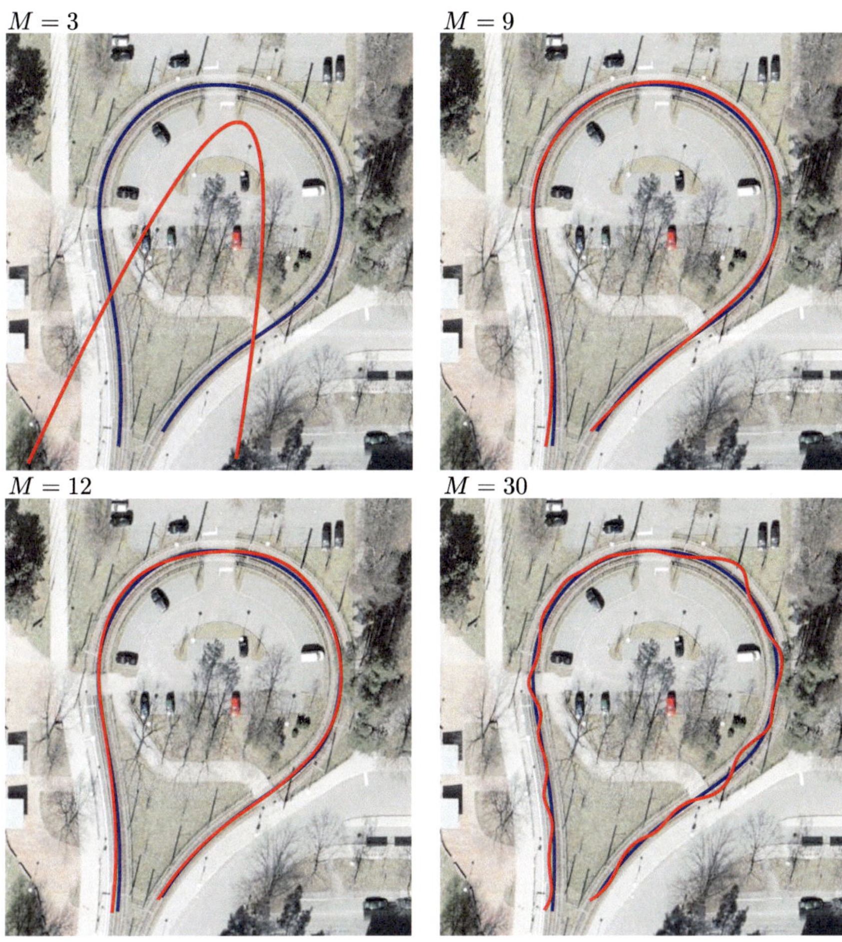

Bild 3.7: Ergebnisse der Regressionsstufe: Für eine ansteigende Anzahl M verwendeter Basisfunktionen ist der erwartete Verlauf $\boldsymbol{\mu}_s(l) = \mathbf{G}(l)\boldsymbol{\mu}_{\mathbf{x}|\mathbf{z}} \in \mathbb{R}^2$ in rot entsprechend Gleichung (3.55), jeweils gegenüber dem Verlauf der Referenzkurve in blau, dargestellt.

chend ihrer Qualität, nutzen und weiter verbessern zu können. Die Dimension des Geometriemodells ist dabei an die reale Trassenform angepasst.

Die vorgeschlagene Kartierungsstrategie verwendet die zurückgelegten Wegstrecken als Eingangsgrößen. Im folgenden Kapitel werden die zurückgelegten Wegstrecken als innere Zustandsgrößen modelliert, wodurch simultan zur Kartierung eine Lokalisierung des Fahrzeugs ermöglicht wird.

4 Simultane Lokalisierung und Kartierung einzelner Trassen

In diesem Kapitel wird ein Verfahren zur simultanen Lokalisierung und Kartierung schritthaltend mit dem Eintreffen von Beobachtungen für spurgeführte Systeme entwickelt. Ein spurgeführtes System setzt sich dabei aus einem spurgeführten Fahrzeug und einer Trasse zusammen, der das Fahrzeug folgt.

Die Kenntnis der Spurführungsgeometrie kann beispielsweise durch die im letzten Kapitel beschriebene Kartierung gegeben sein. Aber auch andere Methoden, wie etwa die Extraktion der Geometrie aus Luftbildern sind denkbar. Das Verfahren soll auch ohne Vorwissen über den Verlauf der Spurführung auskommen und eine Karte dann von Grund auf neu erstellen.

4.1 Stand der Technik und Lösungsansatz

Das Problem der simultanen Lokalisierung und Kartierung (engl. *Simultaneous Localization and Mapping (SLAM)*) ist in der Robotik vielfach bearbeitet und für einige Szenarien gelöst. Eine erfolgversprechende Vorgehensweise formuliert das Problem als Parameterschätzaufgabe. Dabei beschreibt eine Menge statischer Parameter die Karte und eine Menge dynamischer Parameter das Fahrzeug [Guivant u. Nebot 2001]. Bayes-Filter, wie z. B. das Erweiterte Kalman-Filter (EKF), ermöglichen dann die schritthaltende Verarbeitung von Beobachtungen und liefern zu jedem Zeitpunkt eine aktuelle Schätzung des Systemzustands.

Grundlage für den Einsatz von Bayes-Filtern ist ein zeitdiskretes Modell, in dem sowohl die Bewegung des Fahrzeugs als auch die Geometrie der Karte abgebildet wird. Für die Klasse der spurgeführten Systeme existiert eine solche Beschreibung bisher nicht. Sie wird deshalb im vorliegenden Kapitel entwickelt und erprobt.

Das betrachtete System besteht aus zwei Komponenten: einer Fahrzeugkomponente und einer Kartenkomponente. Eine geeignete Modellierung der Karte mit Splinekurven wird in Kapitel 3 entwickelt. Die Modellierung der Fahrzeugkomponente erfordert die Auswahl eines geeigneten Bewegungsmodells. Es werden existierende Ansätze vorgestellt und auf ihre Eignung hin analysiert.

Die klassische Beschreibung formuliert das Bewegungsmodell in kartesischen Koordinaten [Agate u. Sullivan 2003] [Pannetier u. a. 2005]. Das Fahrzeug kann bei dieser Modellierung jede 2D-Position einnehmen. Betrachtet man die Fahrzeugposition jedoch relativ zu einer Karte der Spurführung, verursacht diese Flexibilität zusätzlichen Aufwand, um einen mit der Karte widerspruchsfreien Positionsschätzwert zu erhalten. Die Vorgehensweisen, um die geforderte Übereinstimmung herzustellen, werden in der Literatur üblicherweise unter dem Begriff Karteneinpassung (engl. *map matching*) [Quddus u. a. 2007] zusammengefasst. Die eingesetzten Methoden zur Berücksichtigung der zusätzlichen Bedingung, dass sich das Fahrzeug entlang der Spurführung bewegt, können generell in zwei Klassen eingeteilt werden [Julier u. LaViola 2007]:

- Eine Möglichkeit besteht darin, die Karte als Sensor zu betrachten und auf dieser Basis zusätzliche virtuelle Beobachtungen mit verschwindender Unsicherheit künstlich zu generieren und diese mit dem Zustand zu fusionieren. Beispielsweise in [El Najjar u. Bonnifait 2005] liefert die Karte Beobachtungen, die dann gleichwertig nach der Verarbeitung von GPS-Positionsmessungen zur Aktualisierung des Zustands in einem Kalman-Filter-Innovationsschritt verwendet werden. Die Generierung der zusätzlichen Beobachtungen erfolgt dabei am Lotfußpunkt der Fahrzeugposition auf der Karte.

- Alternativ zu dieser Vorgehensweise existiert eine zweite Klasse von Projektionsmethoden: Nach Bestimmung des Zustands wird dieser mit Hilfe eines Projektionsoperators auf die Oberfläche der Bedingungsgleichung abgebildet. In [Yang u. Blasch 2006] wird die Position eines Fahrzeugs entlang eines gekrümmten Straßenverlaufs verfolgt. Um das Fahrzeug auf die Straße zu zwingen, wird eine nichtlineare Projektionsmethode für kubische Verläufe vorgeschlagen, die auf der Anwendung von Lagrange-Multiplikatoren beruht.

In [Julier u. LaViola 2007] werden derartige Ansätze prinzipiell verglichen. Es zeigt sich, dass die Verfahren im Fall von nichtlinearen Bedingungsgleichungen zu singulären Kovarianzmatrizen führen, die den Einsatz von stabilisierendem Systemrauschen notwendig machen. Wenn eine geeignete Anpassung der Modellierung nicht möglich ist, wird zur Lösung ein Verfahren vorgeschlagen, das konsistente Schätzungen gewährleistet.

Alternativ zu der Formulierung in kartesischen Koordinaten kann die Bewegung eines spurgeführten Fahrzeugs vollständig in einer einzigen Dimension beschrieben werden. Ist eine Karte der Spurführung verfügbar, kann die 1D-Fahrzeugposition jederzeit mit Hilfe dieser Karte in kartesische Koordinaten transformiert werden. Dabei ist die Widerspruchsfreiheit der kartesischen Fahrzeugposition und der Karte zu jedem Zeitpunkt sichergestellt und eine zusätzliche Karteneinpassung wird vollständig umgangen. Diese Strategie kommt bisher in zwei Arbeiten zur Fahrzeuglokalisierung bzw. -verfolgung zum Einsatz. In [Yang u. a. 2005] wird der Verlauf der Spurführung durch eine Folge von Geradenabschnitten und Kreisbögen modelliert, die ohne Unsicherheit bekannt sind. Alternativ beschreibt [Ulmke u. Koch 2006a] die Geometrie der Spurführung durch einen Polygonzug. Jedem Abschnitt dieses Polygonzuges ist eine Kovarianzmatrix zugeordnet, die dessen Unsicherheit zusammenfasst. Nach der zeitlichen Prädiktion entlang der Kurve erfolgt die Innovation der Fahrzeugposition in kartesischen Koordinaten. Obwohl die Unsicherheit der Karte explizit im Modell berücksichtigt wird, verzichtet das Verfahren auf die Aktualisierung der Karte im Rahmen einer Kartierung.

In [Hasberg u. a. 2008] wird die kartesische Beschreibung mit der alternativen 1D-Modellierung verglichen. Es zeigt sich, dass die konsequente Beschreibung der Fahrzeugbewegung in einer Dimension die vergangene Bewegung auch für einen nichtlinearen Verlauf der Spurführung geeignet zusammenfasst und zukünftige Positionen präzise vorhersagt. Die Voraussetzung dafür ist, dass eine Karte der Spurführung in Bogenlängenparametrisierung vorliegt.

Insgesamt beeinflusst die Modellierung entscheidend die Struktur des resultierenden Schätzproblems: Der Zustandsvektor bei der kartesischen Beschreibung ist nicht minimal. Es sind Systemzustände möglich, die im Widerspruch zu einer zusätzlichen nichtlinearen Bedingungsgleichung (engl. *nonlinear equality constraint*) stehen und nicht zulässig sind. Um Systemzustände zu erhalten, die nicht mit der Bedingung im Widerspruch stehen, ist ein weiterer Verarbeitungsschritt notwendig, der aufgrund der Nichtlinearität der Bedingungsgleichungen Probleme verursacht. Die Modellierung auf Basis einer 1D-Bewegungsgleichung ist der kartesischen Beschreibung überlegen. Sie beinhaltet keine redundanten Informationen und zu jedem Zeitpunkt ist gewährleistet, dass die Bewegung des Fahrzeugs exakt der Karte folgt. Zusätzliche Verarbeitungsschritte zur Herstellung dieser Übereinstimmung zwischen Karte und Bewegung entfallen vollständig.

Ausgehend von diesen Überlegungen wird im weiteren Verlauf die alternative 1D-Modellierung der Fahrzeugbewegung verwendet und mit dem in Kapitel 3.2 vorgeschlagenen Modell der Karte gekoppelt. Das System ist damit vollständig beschrieben. Um den Systemzustand aktualisieren zu können, wird ein Systemmodell und ein Beobachtungsmodell für Positions-, Richtungs- und Geschwindigkeitsmessungen hergeleitet. Darüber hinaus ermöglicht ein Extrapolationsmodell die Kartierung unbekannter Umgebungen. Basierend auf der Modellierung erfolgt die Schätzung des Systemzustands mit einem Kalman-Filter basierten Ansatz. Diese Vorgehensweise wird häufig als EKF-SLAM bezeichnet [Durrant-Whyte u. Bailey 2006] und ist aus zwei Gründen bei der Lösung des SLAM-Problems weit verbreitet: Zum einen liefert der Ansatz direkt eine rekursive Lösung auf Basis der stochastischen Modellierung, die jederzeit z. B. für Navigationsaufgaben zur Verfügung steht. Zum anderen existiert eine Vielzahl von Methoden und Erfahrungen aus anderen Bereichen, wie z. B. der Luft- oder Schifffahrt, auf die zurückgegriffen werden kann.

Neben dem EKF-basierten Ansatz ist der Einsatz alternativer Filtertechniken denkbar. Zu diesen zählen verschiedene Varianten des EKFs, wie z.B. das iterative EKF oder EKFs höherer Ordnung [Simon 2006]. Alternativ zu diesen Filtertechniken, die auf der Ableitung von System- und Messmodell basieren, existieren Linear Regression Filter [Lefebvre u. a. 2001], wie z.B. das Unscented Kalman Filter [Julier u. Uhlmann 2004], das Divided Difference Filter [Norgaard u. a. 2000] oder das Gaussian Filter [Huber u. Hanebeck 2008]. Bei dieser Klasse von Methoden werden zunächst Regressionspunkte deterministisch bestimmt, um die Momente der Wahrscheinlichkeitsdichte zu beschreiben. Durch das Abbilden der Reggressionspunkte durch die nichtlineare Systemgleichung, sowie die Berechnung der ersten beiden Momente der abgebildeten Dichte, wird die nichtlineare Systemgleichung implizit linearisiert. Die dazu notwendige Anzahl an Regressionspunkten wächst linear mit der Dimension des Zustandsraums [Beutler u. a. 2009] und ist in der Regel deutlich geringer im Vergleich zu Partikel Filtern.

Im weiteren Verlauf des Kapitels wird zunächst die entwickelte zeitdiskrete Systembeschreibung im Zustandsraum vorgestellt. Basierend auf der Modellierung wird das Schätzproblem formuliert und mit einem Bayes-Filter gelöst. Anhand von unterschiedlichen Szenarien werden anschließend die Leistungsfähigkeit des Schätzers bewertet und die Konvergenzeigenschaften der Schätzung untersucht.

4.2 Zeitdiskretes Modell des spurgeführten Systems

Voraussetzung für die simultane Lokalisierung und Kartierung auf der Grundlage des Bayes-Filters ist eine kompakte aber vollständige Modellierung des Systems. Dazu wird zunächst der Zustandsvektor eingeführt, der den Systemzustand beschreibt. Im Anschluss daran werden die einzelnen Modelle zur Aktualisierung dieses Zustands entwickelt.

Der innere Zustand des betrachteten Systems im k-ten Zeitschritt setzt sich aus zwei Komponenten zusammen, die eine vollständige Systembeschreibung gewährleisten: Der erweiterte Zustandsvektor des Gesamtsystems $\mathbf{x}_k$ beinhaltet sowohl die kinematischen Fahrzeugzustände $\mathbf{x}_{f,k}$ als auch die Stützstellen der Spurführung $\mathbf{x}_{m,k}$

$$\mathbf{x}_k = \begin{bmatrix} \mathbf{x}_{f,k} \\ \mathbf{x}_{m,k} \end{bmatrix}. \tag{4.1}$$

Die kinematischen Zustände des spurgeführten Fahrzeugs werden in einer Dimension entlang der Bogenlänge der parametrisierten Kurve modelliert. Zusammengefasst lautet der Zustandsvektor

$$\mathbf{x}_{f,k} = \begin{bmatrix} b_k \\ \dot{b}_k \\ \vdots \\ b_k^{(n)} \end{bmatrix}, \tag{4.2}$$

der somit die Bogenlängenposition b_k und die ersten n zeitlichen Ableitungen der Bogenlängenposition $\dot{b}_k, \ddot{b}_k$ bis $b_k^{(n)}$ beinhaltet. Entsprechend Kapitel 3.2.2 werden die statischen Zustände der Geometrie der Spurführung kompakt im Stützstellenvektor

$$\mathbf{x}_{m,k} = \begin{bmatrix} \mathbf{q}_{x,k} \\ \mathbf{q}_{y,k} \end{bmatrix} \tag{4.3}$$

zusammengefasst. Die Fahrzeugbewegung ist dabei in Durchlaufrichtung der Kurve definiert, die, wenn nötig, durch die lineare Parametertransformation $\mathbf{l}^+ = (-1) \cdot \mathbf{l}$ des Kurvenparametervektors $\mathbf{l} = (l_1, \ldots, l_M)^{\mathrm{T}}$ umgedreht wird. Dabei verändert sich die Form der Kurve nicht [Bär 2001]. In Bild 2.3 ist der Sachverhalt für eine allgemeine lineare Parametertransformationen visualisiert.

Bei der Herleitung des zeitdiskreten Modells wird weiter angenommen, dass der Systemzustand $\mathbf{x}_k$ einer Gauß-Verteilung der Dichte

$$p(\mathbf{x}_k) = \mathcal{N}(\mathbf{x}_k | \hat{\mathbf{x}}_k, \mathbf{\Sigma}_k) \tag{4.4}$$

genügt. Die Kovarianzmatrix lautet in Blockform

$$\mathbf{\Sigma}_k = \begin{bmatrix} \mathbf{\Sigma}_{ff,k} & \mathbf{\Sigma}_{fm,k} \\ \mathbf{\Sigma}_{fm,k}^{\mathrm{T}} & \mathbf{\Sigma}_{mm,k} \end{bmatrix}.$$

Dabei ist $\mathbf{\Sigma}_{ff,k}$ die Kovarianzmatrix der Fahrzeugzustände, $\mathbf{\Sigma}_{mm,k}$ die Kovarianzmatrix der Kartenzustände und $\mathbf{\Sigma}_{fm,k}$ die Kreuzkovarianzmatrix zwischen den Fahrzeug- und den Kartenzuständen. Die Flexibilität der Modellierung wird

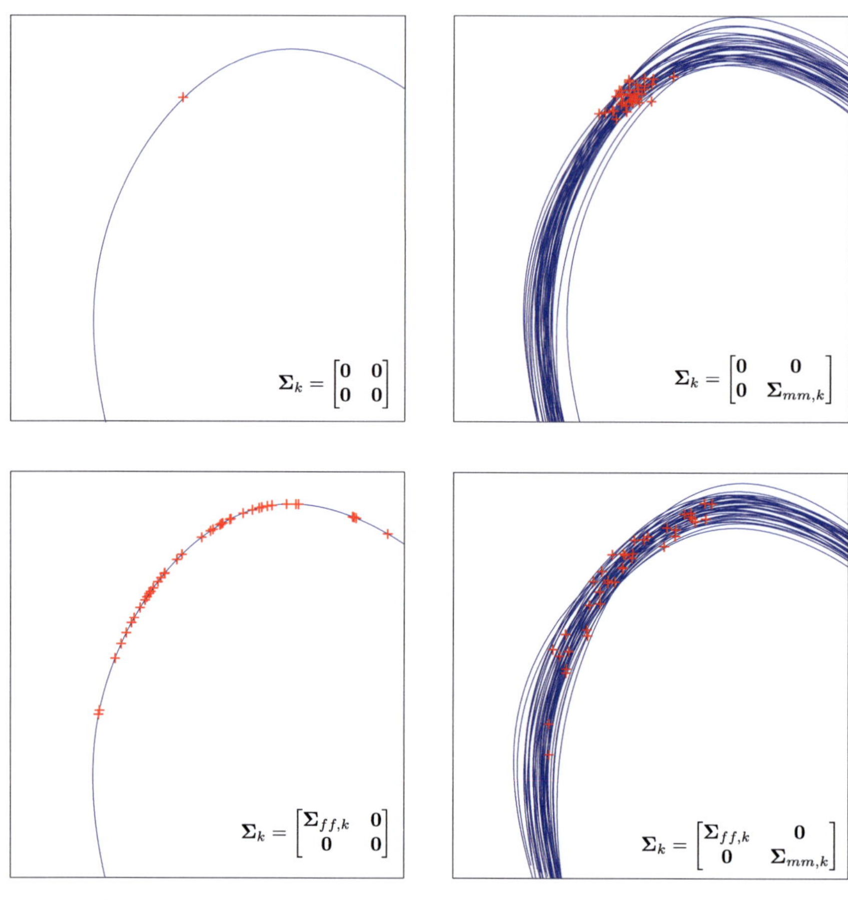

Bild 4.1: Visualisierung von jeweils 40 Realisierungen des Systemzustands $\mathbf{x}_k$ aus Fahrzeugposition (rotes Kreuz) und Karte der Spurführung (blaue Kurve) für verschiedene Ausprägungen der Kovarianzmatrix $\boldsymbol{\Sigma}_k$ in der Ebene: Von links oben ausgehend nimmt in horizontaler Richtung die Unsicherheit der Kartenzustände $\mathbf{x}_{m,k}$ gemäß $\boldsymbol{\Sigma}_{mm,k} = a\,\mathbf{I}_{2M}$ und in vertikaler Richtung die Unsicherheit der Fahrzeugzustände $\mathbf{x}_{f,k}$ gemäß $\boldsymbol{\Sigma}_{ff,k} = b\,\mathbf{I}_{n+1}$ zu.

in Bild 4.1 für unterschiedliche Ausprägungen der Kovarianzmatrix des System-zustands aus Fahrzeug und Karte dargestellt.

Auf der Basis dieses Zustands werden drei grundlegende Modelle unterschieden, die eine simultane Lokalisierung und Kartierung ermöglichen [Hasberg u. Hensel 2009]:

- Das **Systemmodell** ermöglicht die Vorhersage des Systemzustands ausge-hend von der aktuellen Schätzung und basiert auf Vorwissen über die zu erwartende zeitliche Entwicklung des Zustandsvektors.

- Das **Beobachtungsmodell** ermöglicht die Aktualisierung des Zustandsvek-tors mit eintreffenden Beobachtungen.

- Das **Extrapolationsmodell** ermöglicht das Anwachsen der Karte und damit die Kartierung unbekannter Umgebungen durch Hinzufügen neuer Stützstel-len zum Zustandsvektor.

4.2.1 Systemmodell

Das Systemmodell ermöglicht die Vorhersage des Systemzustands für den nächs-ten Zeitschritt $\mathbf{x}_{k+1}$ basierend auf dem aktuellen Zustand $\mathbf{x}_k$ und dem additiven Systemrauschen $\mathbf{w}_k$. Es wird im Allgemeinen durch die Abbildung

$$\mathbf{x}_{k+1} = \mathbf{f}_k(\mathbf{x}_k) + \mathbf{w}_k \tag{4.5}$$

vollständig beschrieben. Die Bewegungsmodelle von Fahrzeug und Karte sind ent-koppelt und jedes für sich linear. Die allgemeine Beschreibung in Gleichung (4.5) vereinfacht sich somit zu

$$\begin{bmatrix} \mathbf{x}_{f,k+1} \\ \mathbf{x}_{m,k+1} \end{bmatrix} = \begin{bmatrix} \mathbf{F}_{f,k} & \mathbf{0} \\ \mathbf{0} & \mathbf{F}_{m,k} \end{bmatrix} \cdot \begin{bmatrix} \mathbf{x}_{f,k} \\ \mathbf{x}_{m,k} \end{bmatrix} + \begin{bmatrix} \mathbf{w}_{f,k} \\ \mathbf{w}_{m,k} \end{bmatrix} \tag{4.6}$$

und die beiden Bewegungsmodelle können separat angegeben werden.

Bewegungsmodell der Karte:

Unter der Annahme eines statischen Verlaufs der Spurführung $\mathbf{s}_{k+1}(l) = \mathbf{s}_k(l)$ folgt das Systemmodell des Stützstellenvektors zu

$$\mathbf{x}_{m,k+1} = \mathbf{x}_{m,k}. \tag{4.7}$$

Diese Annahme ist frei von Modellierungsungenauigkeiten, weswegen auf ein Systemrauschen verzichtet wird. Es gilt $\mathbf{F}_{m,k} = \mathbf{I}_{2M}$ und $\mathbf{w}_{m,k} = \mathbf{0}$.

Bewegungsmodell des Fahrzeugs:

Der Entwurf des Fahrzeugbewegungsmodells hat signifikante Auswirkungen auf die Leistungsfähigkeit des gesamten Lokalisierungsmoduls [Julier u. Durrant-Whyte 2003] und ist damit von großer Bedeutung für den kombinierten Prozess aus Lokalisierung und Kartierung. Im Grundsatz gibt es zwei Möglichkeiten, um das benötigte zeitdiskrete, verrauschte Bewegungsmodell zu erhalten [Bar-Shalom u. Fortmann 1988]. Bei beiden Vorgehensweisen handelt es sich um Näherungen der tatsächlichen Fahrzeugbewegung.

Klassischerweise startet man zunächst mit einer zeitkontinuierlichen Bewegungs-differentialgleichung, die von einem weißen Rauschen angetrieben wird. Auf Grundlage dieser Beschreibung wird mit Hilfe einer Zeitdiskretisierung das gesuchte Modell vollständig abgeleitet. Alternativ zu dieser Vorgehensweise wird das zeitdiskrete Systemmodell häufig direkt festgelegt. Abweichungen von der gewählten Bewegungsgleichung werden dann mit Hilfe einer stückweise konstanten, skalarwertigen, mittelwertfreien und weißen Rauschsequenz

$$w_k \sim \mathcal{N}(0, \sigma_{w,k}^2) \quad \text{mit} \quad E\{w_i w_j\} = 0 \quad \text{für} \quad i \neq j \tag{4.8}$$

erklärt [Bar-Shalom u. Fortmann 1988]. Diese Methode wird dem klassischen Ansatz vorgezogen, da die Einheit des Rauschens den physikalischen Eigenschaften der Bewegung zugeordnet ist und deshalb anschaulich interpretierbar bleibt. Beispielsweise hat $\sigma_{w,k}$ unter der Annahme einer stückweise konstanten Geschwindigkeit die physikalische Einheit der Beschleunigung.

In der Literatur werden eine Reihe von Annahmen beschrieben, um die zeitliche Entwicklung der zeitveränderlichen Systemzustände eines Fahrzeugs vorherzusagen. Gängige Vertreter sind die Modelle stückweise konstanter Geschwindigkeit oder stückweise konstanter Beschleunigung.

Das Modell stückweise konstanter Geschwindigkeit wird häufig zur Verfolgung von Fahrzeugen genutzt. Eine wichtige Voraussetzung für eine erfolgreiche Anwendung ist häufig, dass Eingangsgrößen, wie z. B. die antreibende Kraft bekannt sind. Stehen diese Eingangsgrößen wie in dem hier behandelten System nicht zur Verfügung, reicht dieses Modell häufig nicht aus, die Bewegung abzubilden. Aus diesem Grund wird das Modell stückweise konstanter Beschleunigung zur Vorhersage verwendet[1].

In Kombination mit der 1D-Modellierung der Fahrzeugbewegung werden die Bogenlängenposition b_k, die Bogenlängengeschwindigkeit $\dot{b}_k$ und die Bogenlängen-

---

[1] In der englischsprachigen Literatur wird bei dem beschriebenen Modell häufig von einem Discrete Wiener Process Acceleration (DWPA) Model gesprochen, da es sich bei der Beschleunigung um einen zeitdiskreten Wiener-Prozess handelt.

beschleunigung $\ddot{b}_k$ zum Zeitpunkt t_k im Zustandsvektor $\mathbf{x}_{f,k}$ zusammengefasst. Die diskrete lineare Systemgleichung dieses Zustandsvektors

$$\mathbf{x}_{f,k} = \begin{bmatrix} b_k \\ \dot{b}_k \\ \ddot{b}_k \end{bmatrix} \tag{4.9}$$

lautet dann

$$\mathbf{x}_{f,k+1} = \mathbf{F}_f \mathbf{x}_{f,k} + \mathbf{\Gamma}_f w_k = \begin{bmatrix} 1 & T & \frac{1}{2}T^2 \\ 0 & 1 & T \\ 0 & 0 & 1 \end{bmatrix} \mathbf{x}_{f,k} + \begin{bmatrix} \frac{1}{2}T^2 \\ T \\ 1 \end{bmatrix} w_k \tag{4.10}$$

und ein Zeitintervall hat die Länge $T = t_{k+1} - t_k$. Die Matrizen $\mathbf{F}_f$ und $\mathbf{\Gamma}_f$ sind dabei nicht zeitveränderlich.

Um den Einfluss des Systemrauschens (4.8) auf den Zustand $\mathbf{x}_{f,k+1}$ angeben zu können, wird das Rauschen w_k mit der Standardabweichung $\sigma_{w,k}$ entsprechend der linearen Abbildung in Gleichung (4.10) in den Zustandsraum transformiert. Der Term $\mathbf{\Gamma}_f w_k$ genügt dann der Verteilung

$$\mathbf{\Gamma}_f w_k \sim \mathcal{N}(\mathbf{0}, \mathbf{\Gamma}_f \sigma_{w,k}^2 \mathbf{\Gamma}_f^{\mathrm{T}}), \tag{4.11}$$

wobei die Kovarianzmatrix explizit durch

$$\mathbf{\Gamma}_f \sigma_{w,k}^2 \mathbf{\Gamma}_f^{\mathrm{T}} = \begin{bmatrix} \frac{1}{4}T^4 & \frac{1}{2}T^3 & \frac{1}{2}T^2 \\ \frac{1}{2}T^3 & T^2 & T \\ \frac{1}{2}T^2 & T & 1 \end{bmatrix} \sigma_{w,k}^2 \tag{4.12}$$

gegeben ist [Bar-Shalom u. a. 2001].

Der einzige verbleibende Designparameter ist die Standardabweichung des Systemrauschens w_k. Der Wert von $\sigma_{w,k}$ sollte sich an der maximal möglichen Änderung der Fahrzeugbeschleunigung $\Delta \ddot{b}_k$ in einem Zeitschritt T orientieren. Ein geeigneter Bereich ist $0{,}5\Delta \ddot{b}_k \leq \sigma_{w,k} \leq \Delta \ddot{b}_k$ [Bar-Shalom u. Fortmann 1988].

Abhängig von der betrachteten Bewegung ist es unter Umständen notwendig, mehrere Bewegungsmodelle verfügbar zu haben und situationsabhängig zwischen diesen Modellen in einem interagierenden Multi-Modell-Filter (engl. *Interacting Multiple Model (IMM) filter*) umzuschalten. Ob das notwendig ist, oder sogar die Gefahr besteht, aufgrund der aufwändigeren Modellierung schlechtere Ergebnisse zu erzielen, kann mit Hilfe des Manöverindexes λ beurteilt werden [Kirubarajan u.

Bar-Shalom 2003]. Dieser lautet z. B. für 2D-Positionsbeobachtungen, denen ein mittelwertfreies Messrauschen der Kovarianz $\sigma_v^2 \mathbf{I}_2$ additiv überlagert ist,

$$\lambda = \frac{\sigma_w T^2}{\sigma_v}. \tag{4.13}$$

Für $\lambda > 0{,}5$ wird die Verwendung einer schaltenden Modellierung empfohlen. Dieser Fall liegt hier nicht vor.

Systemmodell des Gesamtsystems:

Fasst man die beschriebenen Systemmodelle der Teilsysteme zusammen, ergibt sich die lineare Systemgleichung:

$$\mathbf{x}_{k+1} = \begin{bmatrix} \mathbf{F}_f & \mathbf{0} \\ \mathbf{0} & \mathbf{I}_{2M} \end{bmatrix} \mathbf{x}_k + \begin{bmatrix} \boldsymbol{\Gamma}_f \\ \mathbf{0} \end{bmatrix} w_k := \mathbf{F}\mathbf{x}_k + \mathbf{w}_k. \tag{4.14}$$

Da w_k entsprechend Gleichung (4.8) einer mittelwertfreien Gauß-Verteilung genügt, ist auch $\mathbf{w}_k$ gaußverteilt mit

$$\mathbf{w}_k \sim \mathcal{N}(\mathbf{0}, \boldsymbol{\Sigma}_{\mathbf{w},k}) \tag{4.15}$$

und

$$\boldsymbol{\Sigma}_{\mathbf{w},k} = \begin{bmatrix} \boldsymbol{\Gamma}_f \sigma_{w,k}^2 \boldsymbol{\Gamma}_f^{\mathrm{T}} & \mathbf{0} \\ \mathbf{0} & \mathbf{0} \end{bmatrix}. \tag{4.16}$$

Insgesamt ist also sichergestellt, dass die Zustände der Karte $\mathbf{x}_{m,k}$ auch im gekoppelten Systemmodell vom Systemrauschen unberührt bleibt. Außerdem ergibt sich $E\{\mathbf{w}_i \mathbf{w}_j^{\mathrm{T}}\} = \mathbf{0}$ für $i \neq j$.

4.2.2 Beobachtungsmodell

Um den Systemzustand $\mathbf{x}_k$ schätzen zu können, stehen Messwerte $\hat{\mathbf{z}}_k$ zur Verfügung. Der Zusammenhang zwischen Messung und Zustand wird in der Beobachtungsgleichung

$$\hat{\mathbf{z}}_k = \mathbf{h}_k(\mathbf{x}_k) + \mathbf{v}_k \tag{4.17}$$

beschrieben, wobei das Messrauschen $\mathbf{v}_k$ die zufällige Messabweichung repräsentiert. Im Hinblick auf das betrachtete Zielsystem stehen drei Beobachtungsgrößen zur Verfügung:

- Der Positionsvektor $\mathbf{p}_k = (p_{x,k}, p_{y,k})^\mathrm{T}$ gibt die gemessene Position in kartesischen Koordinaten an.

- Der auf eins normierte Richtungsvektor $\mathbf{t}_k = (t_{x,k}, t_{y,k})^\mathrm{T}$ gibt die gemessene Fahrtrichtung in kartesischen Koordinaten an.

- Der Skalar v_k gibt die gemessene Geschwindigkeit des Fahrzeugs an.

Aufbauend auf der in Bild 4.2 dargestellten Transformation zwischen der Fahrzeugbogenlängenposition und den kartesischen Fahrzeugkoordinaten wird nun ein Beobachtungsmodell hergeleitet.

Setzt man voraus, dass der Systemzustand ohne Unsicherheit bekannt ist, berechnet sich die Fahrzeugposition in kartesischen Koordinaten $\mathbf{p}_{f,k} = (p_{x,f,k}, p_{y,f,k})^\mathrm{T}$ folgendermaßen: Basierend auf dem Teilzustandsvektor $\mathbf{x}_{m,k}$ ist der Verlauf der Spurführung zum Zeitpunkt t_k entsprechend Gleichung (3.28) durch $\mathbf{s}_k(l) = \mathbf{G}(l)\mathbf{x}_{m,k}$ gegeben. Sofern die Bogenlängenposition des Fahrzeugs b_k innerhalb des Wertebereiches des Kurvenparameters l liegt, ergibt sich die kartesische Fahrzeugposition eindeutig zu

$$\mathbf{p}_{f,k} = \begin{bmatrix} p_{x,f,k} \\ p_{y,f,k} \end{bmatrix} = \mathbf{s}_k(b_k) = \mathbf{G}(b_k)\mathbf{x}_{m,k} \quad \text{für} \quad b_k \in [l_1, l_M]. \tag{4.18}$$

Die Basisvektoren des in Bild 4.2 dargestellten bewegten Fahrzeugkoordinatensystems bestehend aus dem Tangentenvektor $\mathbf{t}_{f,k} = \mathbf{s}'_k(b_k)$ und dem Hauptnormalenvektor $\mathbf{n}_{f,k}$ werden ausgehend von Gleichung (3.33) festgelegt[2]. Mit der Rotationsmatrix $\mathbf{R}_{90}$, die die Ebene um $90°$ dreht, folgt

$$\begin{bmatrix} \mathbf{t}_{f,k} \\ \mathbf{n}_{f,k} \end{bmatrix} = \begin{bmatrix} \mathbf{I}_2 \\ \mathbf{R}_{90} \end{bmatrix} \mathbf{s}'_k(b_k) = \begin{bmatrix} \mathbf{I}_2 \\ \mathbf{R}_{90} \end{bmatrix} \mathbf{G}'(b_k)\mathbf{x}_{m,k} \quad \text{für} \quad b_k \in [l_1, l_M]. \tag{4.19}$$

Da die Kurve $\mathbf{s}_k(l)$ nach der Bogenlänge parametrisiert ist, steht $\mathbf{s}''_k(b_k)$ senkrecht auf $\mathbf{s}'_k(b_k)$ und es gilt: $\|\mathbf{t}_{f,k}\| = 1$. Entsprechend bilden $\mathbf{t}_{f,k}$ und $\mathbf{n}_{f,k}$ eine Orthonormalbasis im $\mathbb{R}^2$ und $\mathbf{s}''_k(b_k)$ ist ein Vielfaches von $\mathbf{n}_{f,k}$ [Bär 2001].

Fasst man die Beobachtungsgrößen gemäß $\mathbf{z}_k = (\mathbf{p}_k^\mathrm{T}, \mathbf{t}_k^\mathrm{T}, v_k)^\mathrm{T}$ zusammen und verwendet Gleichungen (4.18) und (4.19), lautet die nichtlineare Beobachtungsgleichung für einen Messwert

$$\hat{\mathbf{z}}_k = \begin{bmatrix} \mathbf{s}_k(b_k) \\ \mathbf{s}'_k(b_k) \\ b_k \end{bmatrix} + \mathbf{v}_k := \mathbf{h}_k(\mathbf{x}_k) + \mathbf{v}_k. \tag{4.20}$$

---

[2]In der Literatur wird das so definierte bewegte Koordinatensystem häufig als Frenet-Koordinatensystem bezeichnet und zur Angabe lokaler Kurveneigenschaften verwendet.

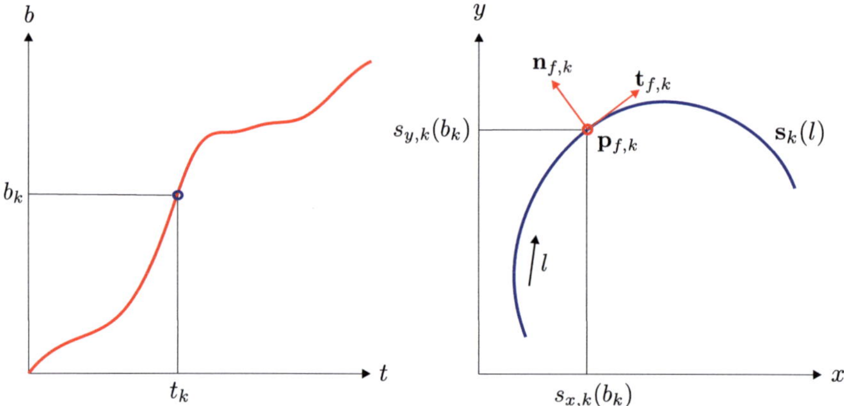

Bild 4.2: Links: Bogenlängenposition b_k des Fahrzeugs zum Zeitpunkt t_k. Rechts: Fahrzeugposition $\mathbf{p}_{f,k}$ in kartesischen Koordinaten zum Zeitpunkt t_k: Mit der Kurve $\mathbf{s}_k(l) = \mathbf{G}(l)\mathbf{x}_{m,k}$ und der Bogenlängenposition b_k können die Fahrzeugposition in der Ebene und die Basisvektoren des bewegten Fahrzeugkoordinatensystems berechnet werden.

Dabei entspricht die gemessene Geschwindigkeit direkt der Bogenlängengeschwindigkeit $\dot{b}_k$. Der Vektor $\mathbf{v}_k$ beschreibt die Messunsicherheit. Diese sei durch das mittelwertfreie Rauschen

$$\mathbf{v}_k \sim \mathcal{N}(0, \boldsymbol{\Sigma}_{\mathbf{v},k}) \quad \text{mit} \quad E\{\mathbf{v}_i \mathbf{v}_j^{\mathsf{T}}\} = 0 \quad \text{für} \quad i \neq j. \tag{4.21}$$

vollständig beschrieben.

4.2.3 Extrapolationsmodell

Das Extrapolationsmodell ermöglicht die Kartierung unbekannter Umgebungen. Die Extrapolation geht dabei von der bereits erstellten Karte aus, die vollständig im Zustand $\mathbf{x}_k$ zusammengefasst ist, und erweitert diese, wie in Bild 4.3 exemplarisch dargestellt, über den Rand des kartierten Bereichs hinaus. Der aktualisierte Systemzustand $\mathbf{x}_k^+$ beinhaltet die extrapolierte Geometrie und ergibt sich gemäß dem Extrapolationsmodell

$$\mathbf{x}_k^+ = \mathbf{c}_k(\mathbf{x}_k) + \boldsymbol{\eta}_k \tag{4.22}$$

aus dem Zustand $\mathbf{x}_k$. Die in der Abbildung zwangsläufig vorhandenen Modellierungsungenauigkeiten werden mit dem Extrapolationsrauschen $\boldsymbol{\eta}_k$ beschrieben.

Um ein unbekanntes Gebiet zu kartieren, wird der vorhandene Zustand $\mathbf{x}_k$ um
einen Eintrag erweitert, der den kartierten Bereich vergrößert. Im hier vorliegenden
Fall wird die Karte um eine neue Stützstelle $\mathbf{p}_{M+1,k}$, entsprechend

$$\mathbf{x}_k^+ = \begin{bmatrix} \mathbf{x}_k \\ \mathbf{p}_{M+1,k} \end{bmatrix}, \tag{4.23}$$

ergänzt.

In der Robotik weit verbreitete Verfahren führen zusätzliche Orientierungspunkte ein, sobald deren Existenz durch eine oder mehrere Beobachtungen mit Hilfe
statistischer Tests bestätigt wird. In [Gamini Dissanayake u. a. 2001] wird zu diesem Zweck ein χ^2-Test durchgeführt und eine Erweiterung der Liste von Orientie-
rungspunkten nur bei einem positiven Testergebnis vorgenommen. Alternativ zu
dieser Strategie wird im Rahmen dieser Arbeit eine Methode vorgeschlagen, die
vollständig auf die Verwendung zusätzlicher Beobachtungen verzichtet. Die Bestimmung der Stützstellenposition $\mathbf{p}_{M+1,k}$ erfolgt auf Basis der bekannten Geometrie und hängt ausschließlich vom aktuellen Zustand $\mathbf{x}_k$ ab. Grundsätzlich ergibt
sich die neue Stützstelle also durch Abbildung des Systemzustands, entsprechend

$$\mathbf{p}_{M+1,k} = \mathbf{d}_k(\mathbf{x}_k) + \mathbf{\Gamma}_k \eta_k, \tag{4.24}$$

wobei das mit $\mathbf{\Gamma}_k = (\gamma_{x,k}, \gamma_{y,k})^\mathrm{T}$ gewichtete Rauschen η_k additiv in die Gleichung
eingeht.

Die Realisierung der Funktion $\mathbf{d}_k(.)$ orientiert sich an der klassischen zeitlichen
Prädiktion der dynamischen Fahrzeugzustände. Diese geht von einer Annahme
über das kinematische Verhalten wie z. B. konstanter Position, konstanter Geschwindigkeit oder konstanter Geschwindigkeitsänderung des Fahrzeugs im folgenden Zeitintervall $[k, k+1]$ aus. Entsprechend wird aufgrund einer Annahme
über die räumliche Entwicklung der Splinekarte das nächste Kartenmerkmal in
Form der nächsten Stützstelle, ausgehend von der aktuellen Zustandsschätzung,
vorhergesagt. Analog zur zeitlichen Prädiktion basiert die räumliche Prädiktion
auf einer Annahme über die räumliche Entwicklung der Karte im nächsten Kur-
venintervall $[l_M, l_{M+1}]$ wie z. B. konstanter Richtung, konstanter Krümmung oder
konstanter Krümmungsänderung der Kurve. Entsprechend wird die bekannte Kurve näherungsweise durch eine Gerade, eine Kreisbahn oder eine Klothoide fortgesetzt.

Im Folgenden wird die Umsetzung der Annahme konstanter Richtung vorgestellt.
Das Resultat ist ein lineares Extrapolationsmodell, das in den relevanten Szenarien
ausreicht, um die gesuchte Stützstellenposition präzise vorherzusagen. Ausgehend
von der Position $\mathbf{s}_k(l_M)$ und der Tangente $\mathbf{t}_k(l_M)$ wird die Position der neuen

Stützstelle $\mathbf{p}_{M+1,k}$ im Abstand $d = l_{M+1} - l_M$ bestimmt. Das Rauschen geht additiv in die Bestimmungsgleichung der Position der neuen Stützstelle

$$\mathbf{p}_{M+1,k} = \mathbf{s}_k(l_M) + d \cdot \mathbf{t}_k(l_M) + \mathbf{\Gamma}_k \eta_k \tag{4.25}$$

ein [Hasberg u. a. 2010]. Mit Hilfe der Gleichungen (3.28) und (3.33) wird diese für den Zustand $\mathbf{x}_k = (\mathbf{x}_{f,k}^{\mathrm{T}}, \mathbf{x}_{m,k}^{\mathrm{T}})^{\mathrm{T}}$, entsprechend

$$
\begin{aligned}
\mathbf{p}_{M+1,k} &= \begin{bmatrix} \mathbf{0} & \mathbf{G}(l_M) \end{bmatrix} \cdot \begin{bmatrix} \mathbf{x}_{f,k} \\ \mathbf{x}_{m,k} \end{bmatrix} + d \cdot \begin{bmatrix} \mathbf{0} & \mathbf{G}'(l_M) \end{bmatrix} \cdot \begin{bmatrix} \mathbf{x}_{f,k} \\ \mathbf{x}_{m,k} \end{bmatrix} + \mathbf{\Gamma}_k \eta_k \\
&= \underbrace{\left(\begin{bmatrix} \mathbf{0} & \mathbf{G}(l_M) \end{bmatrix} + d \cdot \begin{bmatrix} \mathbf{0} & \mathbf{G}'(l_M) \end{bmatrix} \right)}_{:=\mathbf{U}(l_M)} \begin{bmatrix} \mathbf{x}_{f,k} \\ \mathbf{x}_{m,k} \end{bmatrix} + \mathbf{\Gamma}_k \eta_k,
\end{aligned}
\tag{4.26}
$$

umgeformt und zusammengefasst. Dabei gilt für die Matrix

$$
\mathbf{U}(l_M) = \begin{bmatrix} \mathbf{0} & \mathbf{u}^{\mathrm{T}}(l_M) & \mathbf{0} \\ \mathbf{0} & \mathbf{0} & \mathbf{u}^{\mathrm{T}}(l_M) \end{bmatrix}
$$

mit

$$\mathbf{u}^{\mathrm{T}}(l_M) = \mathbf{g}^{\mathrm{T}}(l_M) + d \cdot (\mathbf{g}^{\mathrm{T}}(l_M))'.$$

Somit ergeben sich die Komponenten der zusätzlichen Stützstelle direkt aus den Stützstellenvektoren der beiden Komponentenfunktionen $\mathbf{q}_{x,k}$ und $\mathbf{q}_{y,k}$ gemäß

$$
\mathbf{p}_{M+1,k} = \begin{bmatrix} p_{x,M+1,k} \\ p_{y,M+1,k} \end{bmatrix} = \begin{bmatrix} \mathbf{0} & \mathbf{u}^{\mathrm{T}}(l_M) & \mathbf{0} \\ \mathbf{0} & \mathbf{0} & \mathbf{u}^{\mathrm{T}}(l_M) \end{bmatrix} \cdot \begin{bmatrix} \mathbf{x}_{f,k} \\ \mathbf{q}_{x,k} \\ \mathbf{q}_{y,k} \end{bmatrix} + \mathbf{\Gamma}_k \eta_k. \tag{4.27}
$$

Schließlich wird der Zustandsvektor $\mathbf{x}_k$ um die zusätzliche Stützstelle $\mathbf{p}_{M+1,k}$ ergänzt. Insgesamt kann der erweiterte Zustandsvektor

$$\mathbf{x}_k^+ = (\mathbf{x}_{f,k}^{\mathrm{T}}, \mathbf{q}_{x,k}^{\mathrm{T}}, p_{x,M+1,k}, \mathbf{q}_{y,k}^{\mathrm{T}}, p_{y,M+1,k})^{\mathrm{T}} \tag{4.28}$$

mit Hilfe von Gleichung (4.27) übersichtlich als Linearkombination des alten Zustands $\mathbf{x}_k = (\mathbf{x}_{f,k}^{\mathrm{T}}, \mathbf{p}_{x,k}^{\mathrm{T}}, \mathbf{p}_{y,k}^{\mathrm{T}})^{\mathrm{T}}$ und des Rauschens η_k dargestellt werden. Man erhält die lineare Abbildungsvorschrift

$$
\mathbf{x}_k^+ = \begin{bmatrix} \mathbf{I}_3 & \mathbf{0} & \mathbf{0} \\ \mathbf{0} & \mathbf{I}_M & \mathbf{0} \\ \mathbf{0} & \mathbf{u}^{\mathrm{T}}(l_M) & \mathbf{0} \\ \mathbf{0} & \mathbf{0} & \mathbf{I}_M \\ \mathbf{0} & \mathbf{0} & \mathbf{u}^{\mathrm{T}}(l_M) \end{bmatrix} \cdot \begin{bmatrix} \mathbf{x}_{f,k} \\ \mathbf{q}_{x,k} \\ \mathbf{q}_{y,k} \end{bmatrix} + \begin{bmatrix} \mathbf{0} \\ \mathbf{0} \\ \gamma_{x,k} \\ \mathbf{0} \\ \gamma_{y,k} \end{bmatrix} \eta_k := \mathbf{C}_k \mathbf{x}_k + \eta_k. \tag{4.29}
$$

Um diese Position auch in kurvenreichen, unbekannten Abschnitten mit der notwendigen Unsicherheit vorhersagen zu können, beschreibt $\boldsymbol{\Gamma}_k \eta_k$ Abweichungen von der Annahme über den prädizierten Krümmungsverlauf. Das Rauschen η_k sei mittelwertfrei, weiß und gaußverteilt und durch

$$\eta_k \sim \mathcal{N}(0, \sigma^2_{\eta,k}) \quad \text{mit} \quad E\{\eta_i \eta_j^T\} = 0 \quad \text{für} \quad i \neq j \tag{4.30}$$

vollständig beschrieben. Der verbleibende Designparameter $\sigma^2_{\eta,k}$ wird individuell festgelegt. Dabei sollte gewährleistet sein, dass das Rauschen die Abweichungen erklären kann. Bei der Auswahl der Gewichtungsmatrix $\boldsymbol{\Gamma}_k$ werden zwei Ansätze unterschieden: Während der erste Ansatz vollständig ohne Vorwissen über typische Geometrien der Spurführung auskommt, nutzt der zweite Ansatz systematisch vorhandenes Wissen über zulässige Geometrieparameter. Auf diese Weise wird, wie in Bild 4.3 zu sehen, insgesamt weniger Unsicherheit im Gesamtsystem verursacht:

- **Ungerichtetes Rauschen:** Unabhängig von der relativen Lage der neuen Stützstelle zu der bekannten Kurve wird mit $\boldsymbol{\Gamma}_k = (1,1)^{\mathrm{T}}$ deren Positionsunsicherheit in alle Richtungen gleichmäßig erhöht. Für diesen Fall ergibt sich

$$\boldsymbol{\Gamma}_k \eta_k \sim \mathcal{N}(\mathbf{0}, \sigma^2_{\eta,k} \mathbf{I}_2). \tag{4.31}$$

- **Gerichtetes Rauschen:** Abhängig von der relativen Lage der neuen Stützstelle zu der bekannten Karte wird deren Positionsunsicherheit ungleichmäßig erhöht. Die Erhöhung orientiert sich an den Vektoren $\mathbf{t}_k(l_M)$ und $\mathbf{n}_k(l_M)$ und gewichtet die Richtungen im Verhältnis $\Delta_{\mathbf{t}} : \Delta_{\mathbf{n}}$ gemäß

$$\boldsymbol{\Gamma}_k \eta_k = \begin{bmatrix} \mathbf{t}_k(l_M) & \mathbf{n}_k(l_M) \end{bmatrix} \cdot \begin{bmatrix} \Delta_{\mathbf{t}} \\ \Delta_{\mathbf{n}} \end{bmatrix} \eta_k. \tag{4.32}$$

Die Vorhersage der neuen Stützstelle basiert gemäß Gleichung (4.25) auf der Annahme einer tangentialen Weiterentwicklung der Spurführung. Geht diese stattdessen in einen Kreisbogen über, nimmt die Abweichung der vorhergesagten Stützstellenposition von der wahren Position mit Abnahme des Kurvenradius zu. Für einen Kurvenradius R und $d = R/2$ ergibt sich z. B. $\Delta_{\mathbf{t}} : \Delta_{\mathbf{n}} \approx 1 : 4$. Bei dieser Vorgehensweise muss berücksichtigt werden, dass die Gewichtungsmatrix $\boldsymbol{\Gamma}_k$ vom Systemzustand $\mathbf{x}_k$ abhängt. Eine Linearisierung um den geschätzten Mittelwert ermöglicht die näherungsweise Umsetzung der Strategie und liefert gute Ergebnisse.

Bemerkenswert ist außerdem, dass lediglich die Einträge der Kovarianzmatrix der neu hinzugekommenen Stützstelle von dem Extrapolationsrauschen betroffen sind. Die Unsicherheit aller sonstigen Zustände, insbesondere die der Stützstellen im bereits kartierten Kurvenverlauf, bleiben erhalten. Gemäß Gleichung (4.29) gilt

$$\boldsymbol{\eta}_k \sim \mathcal{N}(\mathbf{0}, \boldsymbol{\Sigma}_{\eta,k}) \quad \text{mit} \quad \boldsymbol{\Sigma}_{\eta,k} = \text{diag}(\mathbf{0}, \mathbf{0}, \gamma_{x,k}\sigma^2_{\eta,k}, \mathbf{0}, \gamma_{y,k}\sigma^2_{\eta,k}). \tag{4.33}$$

Basierend auf den Rechenregeln zur linearen Abbildung gaußverteilter Zufallsvariablen [Maybeck 1979] können der Mittelwert $\hat{\mathbf{x}}_k^+$ und die Kovarianzmatrix $\boldsymbol{\Sigma}_k^+$ des erweiterten Zustands berechnet werden. In Bild 4.3 sind exemplarisch Ergebnisse des Abbildungsschrittes für verschiedene Standardabweichungen und Gewichtungen des Extrapolationsrauschens visualisiert.

4.3 Rekursive Schätzung des Systemzustands

Auf Grundlage der in Kapitel 4.2 entwickelten Modellierung erfolgt die Schätzung des Systemzustands $\mathbf{x}_k$ mit einem Bayes-Filter. Die Modellierung besteht aus insgesamt drei Komponenten, die an dieser Stelle nochmals kompakt zusammengefasst werden:

- Das Systemmodell (4.14) fasst das zeitliche Verhalten zusammen und ermöglicht die Vorhersage zukünftiger Zustände gemäß

$$\mathbf{x}_{k+1} = \mathbf{F}\mathbf{x}_k + \mathbf{w}_k. \tag{4.34}$$

- Das Beobachtungsmodell (4.20) beschreibt den Zusammenhang zwischen dem Messwert $\hat{\mathbf{z}}_k$ und dem Zustandsvektor gemäß

$$\hat{\mathbf{z}}_k = \mathbf{h}_k(\mathbf{x}_k) + \mathbf{v}_k. \tag{4.35}$$

- Das Extrapolationsmodell (4.29) fasst die geometrischen Eigenschaften zusammen und ermöglicht die Vorhersage unbekannter Umgebungen entsprechend

$$\mathbf{x}_k^+ = \mathbf{C}_k\mathbf{x}_k + \boldsymbol{\eta}_k. \tag{4.36}$$

Ergänzend zu den getroffenen Annahmen über die Verteilungen der Rauschterme der einzelnen Modelle wird zusätzlich angenommen, dass diese jeweils paarweise unkorreliert sind. Es gilt

$$E\{\mathbf{v}_k\boldsymbol{\eta}_k^{\mathrm{T}}\} = E\{\mathbf{w}_k\boldsymbol{\eta}_k^{\mathrm{T}}\} = E\{\mathbf{w}_k\mathbf{v}_k^{\mathrm{T}}\} = \mathbf{0}. \tag{4.37}$$

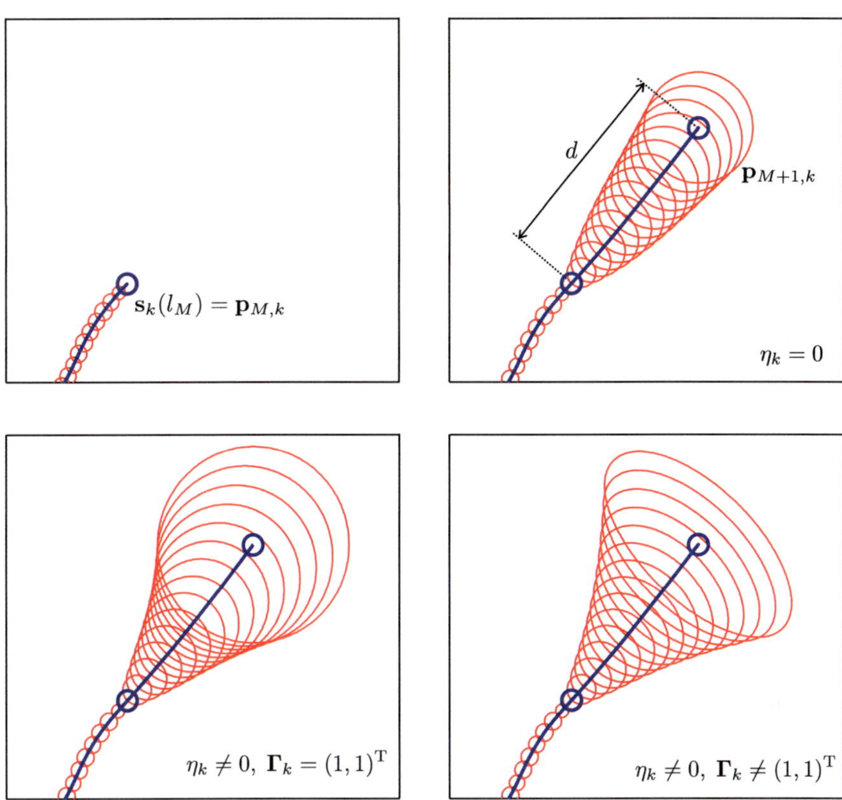

Bild 4.3: Erweiterung der unsicherheitsbehafteten Splinekarte um eine zusätzliche Stützstelle $\mathbf{p}_{M+1,k} \in \mathbb{R}^2$ für unterschiedliche Ausprägungen des Extrapolationsrauschens: Ausgehend von dem letzten gültigen Wert der bestehenden Karte $\mathbf{s}_k(l_M)$ wird diese in tangentialer Richtung $\mathbf{t}_k(l_M)$ um d verlängert. Während oben rechts das Extrapolationsrauschen verschwindet, werden in der zweiten Zeile die beiden Fälle ungerichtetes (links) und gerichtetes (rechts) Rauschen gegenübergestellt.

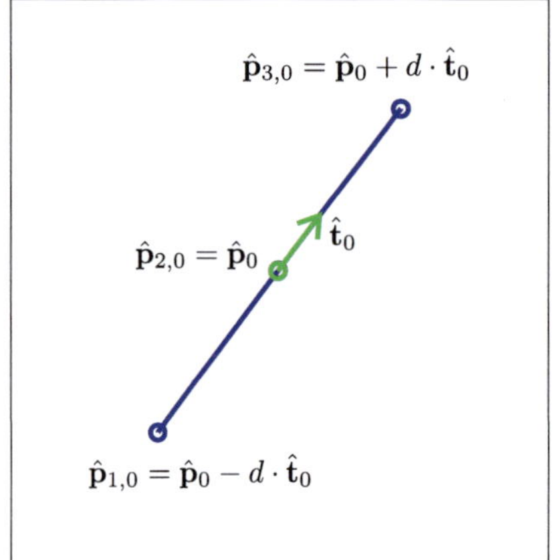

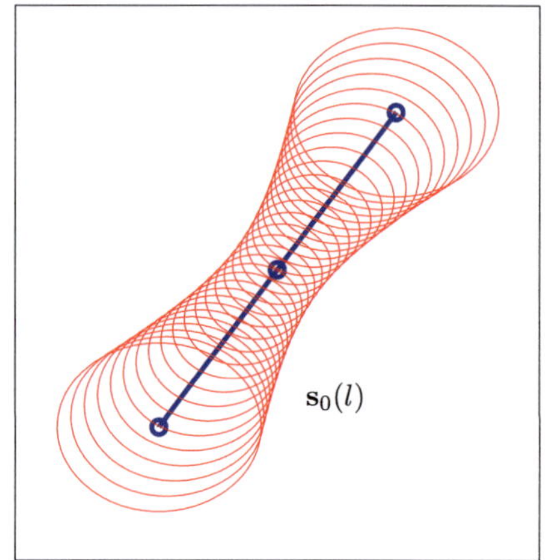

Bild 4.4: Initialisierung der Karte $\mathbf{s}_0(l) \in \mathbb{R}^2$ auf Grundlage von $\hat{\mathbf{p}}_0$ und $\hat{\mathbf{t}}_0$: Basierend auf dem Extrapolationsmodell (4.36) werden die drei Stützstellen $\mathbf{p}_{1,0}$, $\mathbf{p}_{2,0}$ und $\mathbf{p}_{3,0}$ mit $d = l_3 - l_2 = l_2 - l_1$ in der Ebene vorhergesagt und im Teilzustandsvektor $\mathbf{x}_{m,0}$ zusammengefasst. Der Verlauf ergibt sich dann gemäß $\mathbf{s}_0(l) = \mathbf{G}(l)\mathbf{x}_{m,0}$.

Die für Bayes-Filter typische Abfolge von zeitlicher Prädiktion und Innovation wird um die räumliche Prädiktion auf Basis des Extrapolationsmodells erweitert. Diese wird konsequent in den Prädiktionsschritt des Filters integriert. Auf Basis dieser Erweiterung erfolgt die schritthaltende Aktualisierung des Systemzustands mit einem EKF. Ein detaillierter Überblick über dieses Schätzverfahren und die gewählte Notation findet sich im Anhang A.3.

Im weiteren Verlauf des Kapitels wird der entwickelte Schätzer beschrieben und seine Funktionsweise und die Konvergenzeigenschaften der Kartenschätzung in unterschiedlichen Szenarien erprobt und bewertet.

4.3.1 Lokalisierung und Kartierung mit EKF

Die rekursive Verfolgung des Systemzustands aus Prädiktion und Innovation geht von einer Initialisierung des Zustands $\mathbf{x}_0$ aus. Diese basiert auf der ersten verfügbaren Messung $\hat{\mathbf{z}}_0$. Ohne Kenntnis der Spurführungsgeometrie zum Zeitpunkt t_0, wird diese, entsprechend der Darstellung in Bild 4.4, basierend auf der Positionsmessung $\hat{\mathbf{p}}_0$ und der Richtungsmessung $\hat{\mathbf{t}}_0$ initialisiert. Wenn bereits Vorwissen über den Verlauf der Spurführung vorhanden ist, wird $\mathbf{x}_{m,0}$ individuell aufgebaut.

Im Prädiktionsschritt wird die zeitliche und die räumliche Vorhersage des Systemzustands realisiert. Die dem Prädiktionsschritt zugrunde liegenden Modelle sind das Systemmodell (4.34) und das Extrapolationsmodell (4.36). Beide Abbildungen werden nacheinander auf den Systemzustand angewendet. Da es sich dabei ausnahmslos um lineare Abbildungen des Zustandsvektors handelt, ist keine Linearisierung notwendig und eine korrekte Fortpflanzung der Unsicherheit des Systemzustands und der akkumulierten Abhängigkeiten zwischen den Zuständen ist sichergestellt.

Ausgehend von der a posteriori Dichte des Zustands $\mathbf{x}_{k-1|k-1}$ und dem Systemmodell wird der Mittelwertvektor und die Kovarianzmatrix gemäß

$$\hat{\mathbf{x}}_{k|k-1} = \mathbf{F}\hat{\mathbf{x}}_{k-1|k-1} \tag{4.38}$$

$$\mathbf{\Sigma}_{k|k-1} = \mathbf{F}\mathbf{\Sigma}_{k-1|k-1}\mathbf{F}^{\mathrm{T}} + \mathbf{\Sigma}_{\mathbf{w},k} \tag{4.39}$$

für den nächsten Zeitschritt berechnet.

Nach erfolgter zeitlicher Prädiktion schließt sich die räumliche Prädiktion auf Basis des Extrapolationsmodells an. Der mögliche Aufenthaltsbereich des Fahrzeugs ist durch die endliche Bogenlänge der Splinekurve begrenzt. Sobald z. B. der Mittelwert der Bogenlängenposition $\hat{b}_{k|k-1}$ die letzte Stützstelle $\mathbf{p}_{M,k}$ der verfügbaren Karte passiert hat, ist keine Abbildung der Fahrzeugbogenlängenposition in kartesische Koordinaten möglich. Die Aktualisierung des Zustands mit Beobachtungen setzt diese Abbildung voraus und ist dann nicht mehr möglich.

Um die eindeutige Abbildung der Fahrzeugposition in kartesische Koordinaten sicherzustellen, erfolgt die Extrapolation ausgehend von der Schätzung $\mathbf{x}_{k|k-1}$. Für $\hat{b}_{k|k-1} > l_{M,k}$ lautet der Mittelwertvektor und die Kovarianzmatrix

$$\hat{\mathbf{x}}^{+}_{k|k-1} = \mathbf{C}_k\hat{\mathbf{x}}_{k|k-1} \tag{4.40}$$

$$\mathbf{\Sigma}^{+}_{k|k-1} = \mathbf{C}_k\mathbf{\Sigma}_{k|k-1}\mathbf{C}_k^{\mathrm{T}} + \mathbf{\Sigma}_{\eta,k}. \tag{4.41}$$

Für $\hat{b}_{k|k-1} \in [l_{1,k}, l_{M,k}]$ bleibt die Schätzung unverändert und es gilt

$$\hat{\mathbf{x}}^{+}_{k|k-1} = \hat{\mathbf{x}}_{k|k-1} \tag{4.42}$$

$$\mathbf{\Sigma}^{+}_{k|k-1} = \mathbf{\Sigma}_{k|k-1}. \tag{4.43}$$

Im Innovationsschritt erfolgt die Aktualisierung des Systemzustands mit einer neu eingetroffenen Beobachtung. Ausgangspunkt für die Aktualisierung ist das nichtlineare Beobachtungsmodell (4.35). Die Berechnung der a posteriori Dichte des Zustands $\mathbf{x}_{k|k}$ setzt die Berechnung der Jacobi-Matrix $\mathbf{H}_k$ voraus (siehe Anhang A.1) und geht von der a priori Dichte des Zustands $\mathbf{x}^{+}_{k|k-1}$ aus. Ausgehend vom Messresiduum $\boldsymbol{\nu}_k$ und der Kovarianzmatrix $\mathbf{S}_k$

$$\boldsymbol{\nu}_k = \hat{\mathbf{z}}_k - \mathbf{h}_k(\hat{\mathbf{x}}^{+}_{k|k-1}) \tag{4.44}$$

$$\mathbf{S}_k = \mathbf{H}_k \boldsymbol{\Sigma}^{+}_{k|k-1} \mathbf{H}^{\mathrm{T}}_k + \boldsymbol{\Sigma}_{\mathbf{v},k} \tag{4.45}$$

erfolgt die Aktualisierung des Systemzustands, entsprechend

$$\mathbf{K}_k = \boldsymbol{\Sigma}^{+}_{k|k-1} \mathbf{H}^{\mathrm{T}}_k \mathbf{S}^{-1}_k \tag{4.46}$$

$$\hat{\mathbf{x}}_{k|k} = \hat{\mathbf{x}}^{+}_{k|k-1} + \mathbf{K}_k \boldsymbol{\nu}_k \tag{4.47}$$

$$\boldsymbol{\Sigma}_{k|k} = (\mathbf{I} - \mathbf{K}_k \mathbf{H}_k)\boldsymbol{\Sigma}^{+}_{k|k-1}. \tag{4.48}$$

Ein Beispiel für die gleichzeitige Aktualisierung von Karte und Fahrzeug im Innovationsschritt ist in Bild 4.5 und Bild 4.6 dargestellt.

Zur Berechnung der Jacobi-Matrix $\mathbf{H}_k$ wird das Beobachtungsmodell (4.35) mit Hilfe der Gleichungen (4.18) und (4.19), entsprechend

$$\hat{\mathbf{z}}_k = \begin{bmatrix} \mathbf{s}_k(b_k) \\ \mathbf{t}_k(b_k) \\ \dot{b}_k \end{bmatrix} + \mathbf{v}_k = \begin{bmatrix} \mathbf{G}(b_k)\mathbf{x}_{m,k} \\ \mathbf{G}'(b_k)\mathbf{x}_{m,k} \\ \dot{b}_k \end{bmatrix} + \mathbf{v}_k, \tag{4.49}$$

umgeformt. Die Jacobi-Matrix $\mathbf{H}_k$ setzt sich aus zwei Komponenten zusammen. Sie lautet:

$$\mathbf{H}_k = \begin{bmatrix} \dfrac{\partial \mathbf{h}(\mathbf{x}_k)}{\partial \mathbf{x}_{f,k}} & \dfrac{\partial \mathbf{h}(\mathbf{x}_k)}{\partial \mathbf{x}_{m,k}} \end{bmatrix} \Bigg|_{\mathbf{x}_k = \hat{\mathbf{x}}^{+}_{k|k-1}} := \begin{bmatrix} \mathbf{H}_{f,k} & \mathbf{H}_{m,k} \end{bmatrix} \Bigg|_{\mathbf{x}_k = \hat{\mathbf{x}}^{+}_{k|k-1}}. \tag{4.50}$$

Aufgrund des linearen Teilsystems *Karte* ergibt sich die korrespondierende Komponente $\mathbf{H}_{m,k}$ direkt durch

$$\mathbf{H}_{m,k} = \begin{bmatrix} \mathbf{G}(b_k) \\ \mathbf{G}'(b_k) \\ \mathbf{0} \end{bmatrix}. \tag{4.51}$$

Aufwändiger gestaltet sich die Berechnung von $\mathbf{H}_{f,k}$ des Teilsystems *Fahrzeug*, da gemäß Gleichung (4.49) eine nichtlineare Transformation der dynamischen Fahrzeugzustände $\mathbf{x}_{f,k}$ zur Vorhersage der Beobachtungen notwendig ist. Die Berechnung erfolgt komponentenweise und man erhält

$$\mathbf{H}_{f,k} = \begin{bmatrix} \dfrac{\partial \mathbf{s}_k(b_k)}{\partial b_k} & \mathbf{0} & \mathbf{0} \\ \dfrac{\partial \mathbf{t}_k(b_k)}{\partial b_k} & \mathbf{0} & \mathbf{0} \\ 0 & 1 & 0 \end{bmatrix} \tag{4.52}$$

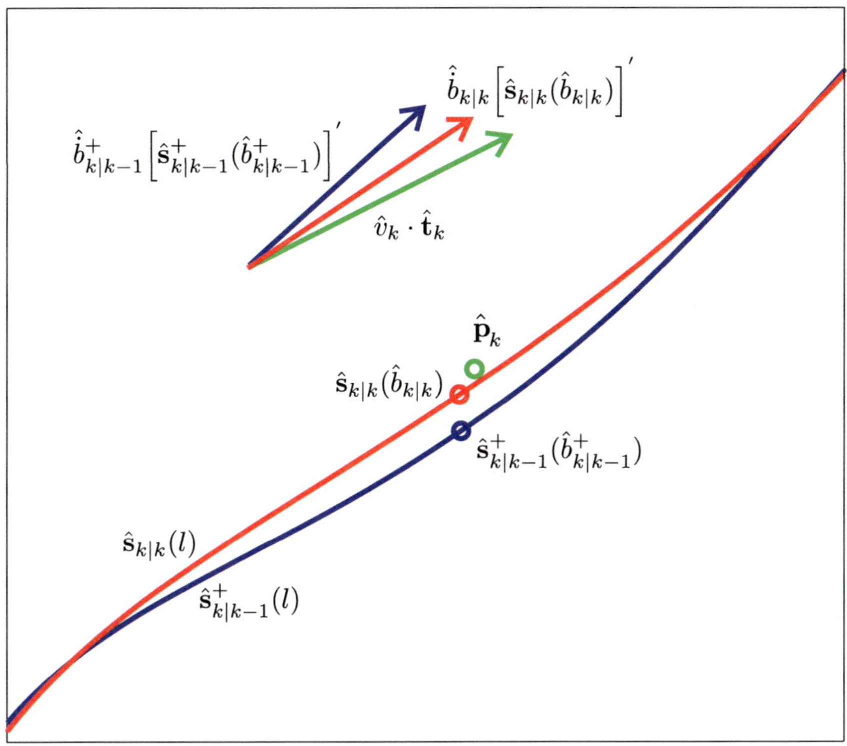

Bild 4.5: Visualisierung eines EKF-Innovationsschritts in der Ebene: Ausgehend von der Beobachtung $\hat{\mathbf{z}}_k = (\hat{\mathbf{p}}^T_k, \hat{\mathbf{t}}^T_k, \hat{v}_k)^T$ (grün) wird der Systemzustand $\mathbf{x}^+_{k|k-1}$ (blau) aktualisiert. Dabei werden gleichzeitig der Verlauf der Kurve und die dynamischen Fahrzeugzustände angepasst. Der aktualisierte Systemzustand lautet $\mathbf{x}_{k|k}$ (rot). Insgesamt gilt $\|(\hat{\mathbf{s}}^+_{k|k-1}(\hat{b}^+_{k|k-1}))'\| = \|(\hat{\mathbf{s}}_{k|k}(\hat{b}_{k|k}))'\| = \|\hat{\mathbf{t}}_k\| = 1$.

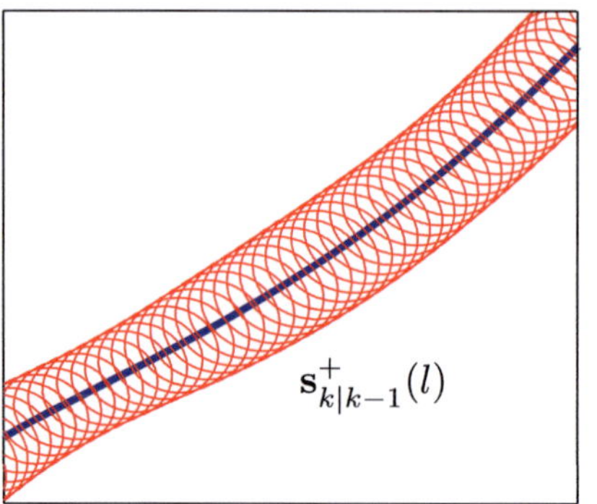
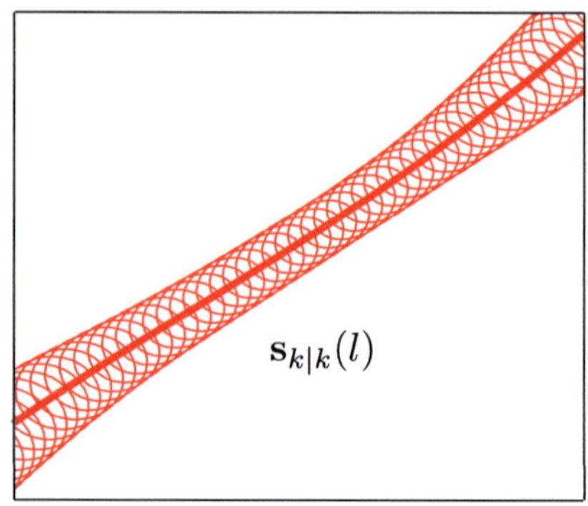

Bild 4.6: Anpassung der Unsicherheit des geschätzen Kurvenverlaufs während eines EKF-Innovationsschritts: Im direkten Vergleich der Schätzung vor und nach der Durchführung der Aktualisierung, nimmt die Unsicherheit des geschätzten Kurvenverlaufs ab.

für $b_k \in [l_i, l_{i+1}]$ mit

$$\frac{\partial \mathbf{s}_k(b_k)}{\partial b_k} = \frac{\partial}{\partial b_k} \begin{bmatrix} s_{x,i,k}(b_k) \\ s_{y,i,k}(b_k) \end{bmatrix}$$

$$= \frac{\partial}{\partial b_k} \begin{bmatrix} a_{x,i,k} + b_{x,i,k}(b_k - l_i) + c_{x,i,k}(b_k - l_i)^2 + d_{x,i,k}(b_k - l_i)^3 \\ a_{y,i,k} + b_{y,i,k}(b_b - l_i) + c_{y,i,k}(b_k - l_i)^2 + d_{y,i,k}(b_k - l_i)^3 \end{bmatrix}$$

$$= \begin{bmatrix} b_{x,i,k} + 2c_{x,i,k}(b_k - l_i) + 3d_{x,i,k}(b_k - l_i)^2 \\ b_{y,i,k} + 2c_{y,i,k}(b_k - l_i) + 3d_{y,i,k}(b_k - l_i)^2 \end{bmatrix}$$

und

$$\frac{\partial \mathbf{t}_k(b_k)}{\partial b_k} = \frac{\partial}{\partial b_k} \begin{bmatrix} t_{x,i,k}(b_k) \\ t_{y,i,k}(b_k) \end{bmatrix}$$

$$= \frac{\partial}{\partial b_k} \begin{bmatrix} b_{x,i,k} + 2c_{x,i,k}(b_k - l_i) + 3d_{x,i,k}(b_k - l_i)^2 \\ b_{y,i,k} + 2c_{y,i,k}(b_k - l_i) + 3d_{y,i,k}(b_k - l_i)^2 \end{bmatrix}$$

$$= \begin{bmatrix} 2c_{x,i,k} + 6d_{x,i,k}(b_k - l_i) \\ 2c_{y,i,k} + 6d_{y,i,k}(b_k - l_i) \end{bmatrix},$$

wobei die Splinekoeffizienten $b_{x,i,k}, \ldots, d_{y,i,k}$ entsprechend Gleichung (3.14) bis (3.17) direkt aus dem Stützstellenvektor $\mathbf{x}_{m,k} = (\mathbf{q}^{\mathrm{T}}_{x,k}, \mathbf{q}^{\mathrm{T}}_{y,k})^{\mathrm{T}}$ folgen.

4.3.2 Bewertung der Leistungsfähigkeit des Schätzers

Die Leistungsfähigkeit des beschriebenen rekursiven Schätzers zur simultanen Lokalisierung und Kartierung wird mit Hilfe von synthetischen Daten bewertet. Bei der Generierung der Referenzdaten werden charakteristische Eigenschaften der wahren Systeme berücksichtigt. Dazu gehören u. a. die Kinematik des Fahrzeugs, die Geometrie der Spurführung und die Eigenschaften typischer Messsysteme.

Zunächst wird der Referenzverlauf der Spurführung unter Berücksichtigung der in Kapitel 2.3 vorgestellten Richtwerte der Formparameter gängiger Trassierungselemente zufällig erzeugt. Im Anschluss daran erfolgt die Generierung der Fahrzeugbewegung ausgehend von einem Modell konstanter Geschwindigkeit [Bar-Shalom u. a. 2001], das mit einem mittelwertfreien, gaußverteilten Rauschen mit der Standardabweichung σ_d additiv überlagert wird. Die Manövereigenschaften verschiedener Fahrzeugtypen in unterschiedlichen Fahrsituationen werden durch Variation von σ_d abgebildet und umgesetzt. Basierend auf dem Vergleich zwischen realem Trassenverlauf und dem gewählten Splinemodell in Kapitel 2.4 wird der Abstand $d = l_i - l_{i-1}$ zwischen benachbarten Stützstellen $\mathbf{p}_i$ und $\mathbf{p}_{i-1}$ so festgelegt, dass ein vorgegebener Approximationsfehler nicht überschritten wird. Beispielsweise garantiert ein konstanter Abstand von $d = 20\,\mathrm{m}$ bei Trassenabschnitten mit minimalen Radien von $R_{min} = 40\,\mathrm{m}$, dass die resultierenden Approximationsfehler kleiner als 0,3 m sind.

Ausgehend von der Bewegung entlang der Referenzspurführung werden Messwerte erzeugt. Dazu wird der Referenzvektor $\mathbf{z}_k = (\mathbf{p}_k^{\mathrm{T}}, \mathbf{t}_k^{\mathrm{T}}, v_k)^{\mathrm{T}}$ mit einem Rauschen bekannter Kovarianzmatrix $\boldsymbol{\Sigma}_{\mathbf{v},k}$ gemäß

$$\hat{\mathbf{z}}_k = \mathbf{z}_k + \Delta\mathbf{z}_k \quad \text{mit} \quad \Delta\mathbf{z}_k \sim \mathcal{N}(\mathbf{0}, \boldsymbol{\Sigma}_{\mathbf{v},k}) \tag{4.53}$$

überlagert, um so die Eingangswerte $\hat{\mathbf{z}}_k$ des rekursiven Schätzers zufällig zu erzeugen. Die Kovarianzmatrix ist durch $\boldsymbol{\Sigma}_{\mathbf{v},k} = \mathrm{diag}(1\mathrm{m}, 1\mathrm{m}, 10^{-2}\mathrm{m}, 10^{-2}\mathrm{m}, 5 \cdot 10^{-2}\mathrm{m/s})^2$ gegeben.

Es werden insgesamt drei Szenarien untersucht, die sich in erster Linie durch die jeweils initial vorhandene Karte der Spurführung unterscheiden. Von besonderem Interesse sind Situationen, in denen keine Karte gegeben ist und eine Kartierung von Grund auf erfolgen muss:

- **Szenario 1** Im ersten Szenario wird die Erkundung eines völlig unbekannten Gebietes untersucht. Vorkenntnisse über die Positionen der Stützstellen sind dabei nicht gegeben.

Zusätzlich werden Szenarien untersucht, in denen zu Beginn eine Karte zwar vorhanden ist, der in der Karte abgebildete Verlauf aber von dem der Referenztrasse abweicht. Zur Erzeugung qualitativ unterschiedlicher Anfangssituationen werden die Stützstellen der Referenzkarte $\mathbf{p}_i$ entsprechend

$$\hat{\mathbf{p}}_{i,0} = \mathbf{p}_i + \Delta\mathbf{p}_i \quad \text{mit} \quad \Delta\mathbf{p}_i \sim \mathcal{N}(\Delta\hat{\mathbf{p}}, \sigma_i^2 \cdot \mathbf{I}_2) \tag{4.54}$$

überlagert. Die Abweichung $\Delta\mathbf{p}_i$ ist entsprechend Gleichung (4.54) gaußverteilt mit dem Mittelwert $\Delta\hat{\mathbf{p}}$, der für alle Stützstellen einer Karte gleich ist. Zusätzlich zum ersten Szenario werden folgende Szenarien untersucht:

- **Szenario 2** Im zweiten Szenario oszilliert der Verlauf der initial verfügbaren Karte um den Referenzverlauf der Spurführung. Dazu wird das Modell in Gleichung (4.54) mit der Standardabweichung $\sigma_i = 7{,}5\,\text{m}$ und dem Mittelwert $\Delta\hat{\mathbf{p}} = 0\,\text{m}$ parametrisiert.

- **Szenario 3** Ergänzend zum zweiten Szenario wird der Verlauf der initialen Karte im dritten Szenario verschoben. Dazu wird das Modell in Gleichung (4.54) mit der Standardabweichung $\sigma_i = 7{,}5\,\text{m}$ und dem Mittelwert $\Delta\hat{\mathbf{p}} = (0{,}0\quad 15{,}0)^\text{T}\,\text{m}$ parametrisiert.

Es werden zufällig Referenzverläufe erzeugt und je 10 Fahrten pro Trasse durchgeführt. Dabei wird das Kartierungsergebnis am Ende der j-ten Fahrt als Startwert in der $j + 1$-ten Fahrt verwendet. Um die Eigenschaften des Schätzers beurteilen zu können, werden drei Kennwerte bestimmt:

- **Absoluter Positionsfehler:** Um die absolute Genauigkeit des Schätzers beurteilen zu können, wird die Abweichung zwischen der Referenzposition $\mathbf{p}_k$ und der geschätzten Position des Fahrzeugs $\hat{\mathbf{p}}_{f,k|k}$ gemäß

$$e_k = \|\mathbf{p}_k - \hat{\mathbf{p}}_{f,k|k}\| = \|\mathbf{p}_k - \hat{\mathbf{s}}_{k|k}(\hat{b}_{k|k})\| \tag{4.55}$$

zu jedem Zeitpunkt t_k berechnet. Der Mittelwert der Fahrzeugposition in kartesischen Koordinaten ergibt sich mit Gleichung (4.18) aus der Schätzung $\hat{\mathbf{x}}_{k|k}$.

- **NIS:** Um die Konsistenz des Schätzers bewerten zu können, wird die normalisierte quadratische Innovation (engl. *Normalized Innovation Squared (NIS)*) [Bar-Shalom u. a. 2001]

$$\epsilon_k = \boldsymbol{\nu}_k^\text{T}\mathbf{S}_k^{-1}\boldsymbol{\nu}_k \tag{4.56}$$

basierend auf dem prädizierten Systemzustand $\mathbf{x}_{k|k-1}^+$ entsprechend der Gleichungen (4.44) und (4.45) berechnet. Ausgehend von der Hypothese eines konsistenten Schätzfilters für $n_z = 5$ Freiheitsgrade, wobei n_z die Dimension des Beobachtungsvektors z ist, sollte der Wert der Kenngröße ϵ einer χ^2-Zufallsverteilung genügen. Betrachtet man eine einzelne Fahrt, dürfen somit höchstens 5 von 100 Werten außerhalb des 95%-Intervalls liegen, wobei der 5%-Wert in diesem Fall näherungsweise $\chi_5^2(0{,}95) = 11{,}1$ ist.

- **Fréchet-Abstand:** Um die Entwicklung der Genauigkeit der geschätzten Karte beurteilen zu können, wird der Fréchet-Abstand d_{fr} [Eiter u. Mannila 1994] zwischen dem mittleren Trassenverlauf und dem Referenzverlauf am Anfang sowie am Ende jeder Fahrt berechnet.

Zunächst werden die Ergebnisse der Lokalisierung und Kartierung für das erste Szenario vorgestellt. Es werden zwei Kartierungsstrategien verglichen: Die erste Strategie nutzt die in Kapitel 3 vorgeschlagene Methode und schätzt den Verlauf der Spurführung auf Basis sämtlicher Beobachtungen der ersten Fahrt nachträglich. Beginnend mit der zweiten Fahrt wird die Karte schritthaltend aktualisiert. Die zweite Strategie verarbeitet eintreffende Beobachtungen bereits während der ersten Fahrt schritthaltend und erstellt die Karte dabei von Grund auf neu. In Bild 4.7 sind die Ergebnisse spaltenweise gegenübergestellt.

Obwohl im betrachteten Szenario keine Karte zur Verfügung steht, schätzen beide Strategien den tatsächlichen Verlauf präzise. Je mehr Beobachtungen verarbeitet werden, desto genauer stimmt der erwartete Verlauf der Spurführung mit der realen Trasse überein und desto kleiner sind die resultierenden Abweichungen zwischen tatsächlicher und geschätzter Fahrzeugposition. Darüber hinaus liegen sämtliche NIS-Werte innerhalb des 95%-Intervalls. Beide Strategien ermöglichen somit konsistente Schätzungen des Systemzustands. Vergleicht man die Ergebnisse der beiden Strategien, konvergiert die Schätzung der Spurführung bei der ersten Strategie insgesamt schneller gegen die reale Trasse. Im Gegensatz dazu liefert die zweite Strategie die Schätzung mit der größtmöglichen Aktualität, da sämtliche Beobachtungen umgehend verarbeitet werden. Eine mögliche Erklärung für die unterschiedlichen Konvergenzeigenschaften ist die zusätzliche Unsicherheit, die während der Extrapolation bei der zweiten Strategie zunächst in das System eingebracht wird. Diese muss im Verlauf der nächsten Fahrten zunächst abgebaut werden.

In Bild 4.8 sind die Ergebnisse für das zweite und das dritte Szenario spaltenweise zu sehen. Ausgehend von der verfügbaren Karte werden sämtliche Beobachtungen schritthaltend verarbeitet. Obwohl in beiden Szenarien fehlerhafte Karten verwendet werden, schätzt das Verfahren den realen Verlauf bereits nach 10 Fahrten präzise. Abweichungen zwischen der initialen Karte und dem realen Trassenverlauf

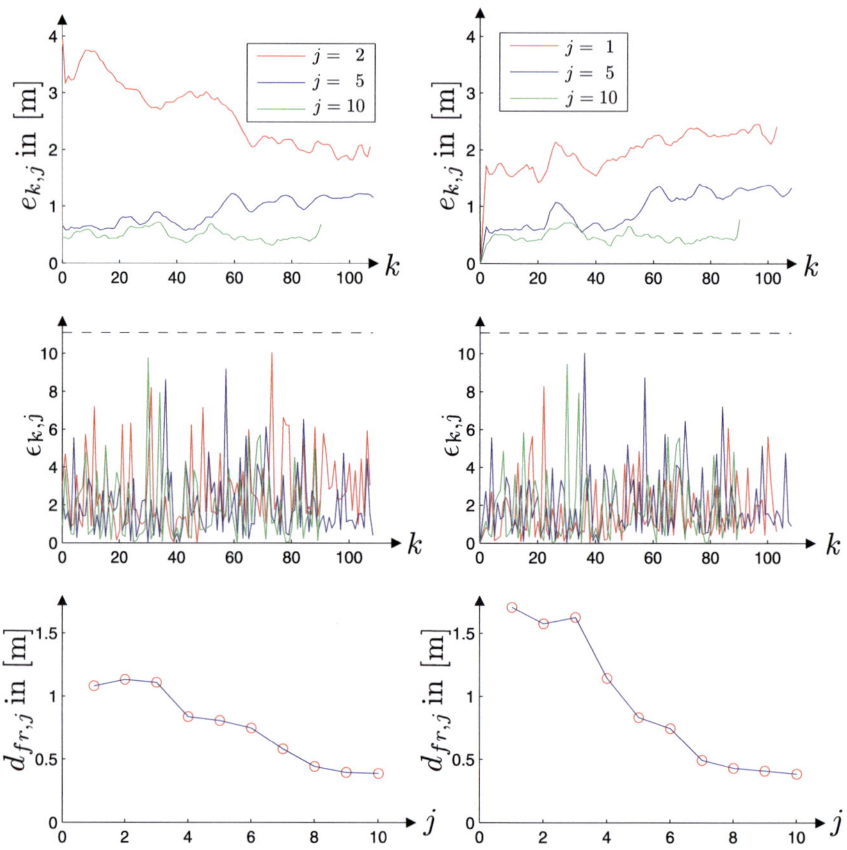

Bild 4.7: Ergebnisse für Szenario 1: In der ersten Zeile sind die resultierenden Positionsfehler $e_{k,j}$ exemplarisch für 3 Fahrten dargestellt. In der zweiten Zeile ist der Verlauf der korrespondierenden NIS-Werte $\epsilon_{k,j}$, verglichen mit der 95%-Region, abgebildet. In der dritten Zeile ist die Entwicklung des Fréchet-Abstands $d_{fr,j}$ nach jeder Fahrt visualisiert. Die Ergebnisse der ersten Strategie sind in der linken Spalte und die Ergebnisse der zweiten Strategie sind in der rechten Spalte zu sehen.

werden dabei weitgehend korrigiert. Parallel zur Steigerung der Genauigkeit der Karte nimmt auch die erreichte Genauigkeit der Lokalisierung des Fahrzeugs zu. Für das zweite Szenario liegen insgesamt weniger als 3 NIS-Werte pro Fahrt außerhalb des 95%-Intervalls. Im Gegensatz zu diesem konsistenten Verhalten des Schätzers hat die fehlerhafte Karte im dritten Szenario zumindest während der Anfangsphase inkonsistente Ergebnisse zur Folge. Probleme verursacht hier die konstante Verschiebung der Stützstellen der verwendeten Karte. Durch die rekursive Aktualisierung des Systemzustands wird auch diese Karte korrigiert und liefert bereits ab der 5-ten Fahrt konsistente Schätzungen.

4.4 Analyse der Kovarianzmatrix der Karte

Die Kovarianzmatrix der Kartenzustände ist gemäß Gleichung (4.4) eine Teilmatrix der Kovarianzmatrix des geschätzten Zustandsvektors. Sie kann in Blockform, entsprechend

$$\mathbf{\Sigma}_{mm,k} = \begin{bmatrix} \mathbf{\Sigma}_{\mathbf{q}_x\mathbf{q}_x,k} & \mathbf{\Sigma}_{\mathbf{q}_x\mathbf{q}_y,k} \\ \mathbf{\Sigma}^{\mathrm{T}}_{\mathbf{q}_x\mathbf{q}_y,k} & \mathbf{\Sigma}_{\mathbf{q}_y\mathbf{q}_y,k} \end{bmatrix}, \tag{4.57}$$

angegeben werden und fasst die Unsicherheit des Zustandsvektors der Karte $\mathbf{x}_{m,k} = (\mathbf{q}^{\mathrm{T}}_{x,k}, \mathbf{q}^{\mathrm{T}}_{y,k})^{\mathrm{T}}$ zusammen.

Die Kovarianzmatrix der geschätzten Karte beinhaltet aktuelle Informationen über die Unsicherheit der einzelnen Komponenten der Karte und über die Korrelationen zwischen den Kartenkomponenten: Konkret speichern die Varianzen der Stützstellenpositionen die Unsicherheit der Positionsschätzung und damit die Unsicherheit der Schätzung der Spurführung. Darüber hinaus bilden die Korrelationen zwischen den einzelnen Stützstellenpositionen das vorhandene Wissen über die geometrischen Beziehungen der Positionen zueinander ab.

Die vollständige Aktualisierung der Kovarianzmatrix des Systemzustands, insbesondere der Kovarianzmatrix der Karte, ist ein essentieller Bestandteil bei der Lösung des SLAM-Problems [Thrun u. a. 2005]. Bei der Aktualisierung sollte gewährleistet sein, dass die Unsicherheit der Schätzung monoton abnimmt. Außerdem nehmen die Korrelationen zwischen den Komponenten der Karte insgesamt zu, wenn die Unsicherheiten vollständigen berücksichtigt werden [Gamini Dissanayake u. a. 2001]. Im weiteren Verlauf wird anhand synthetisch erzeugter Daten gezeigt, dass die geschätzte Kovarianzmatrix der Karte diese Eigenschaften aufweist.

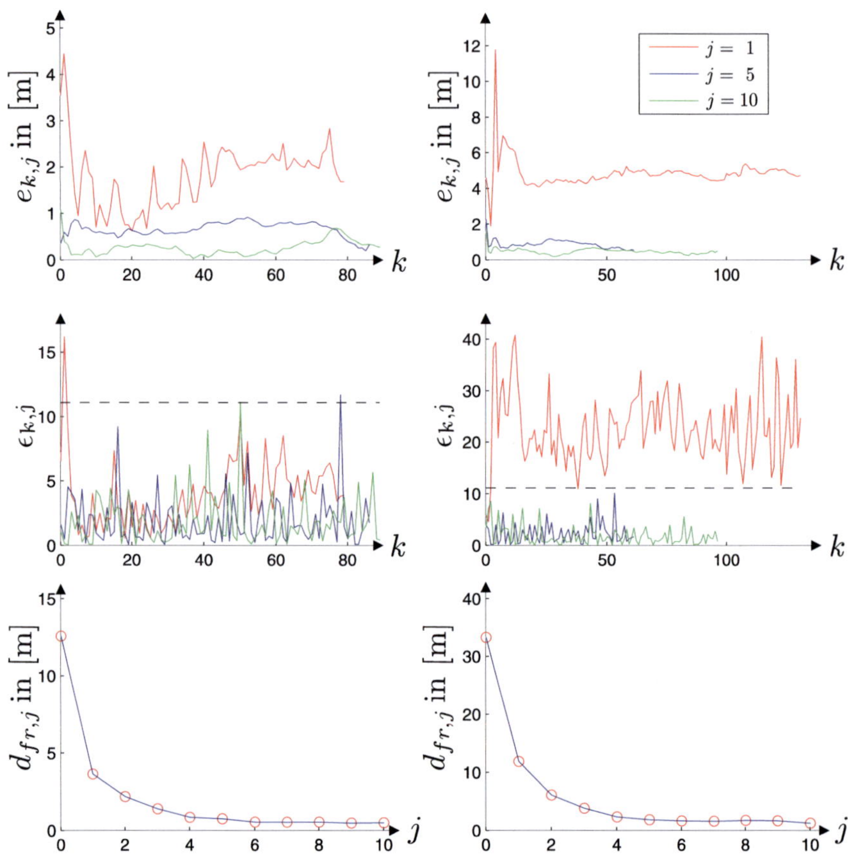

Bild 4.8: Ergebnisse für Szenario 2 und 3: Analog zu Bild 4.7 sind die Positionsfehler $e_{k,j}$, die NIS-Werte $\epsilon_{k,j}$ und die resultierenden Fréchet-Abstände $d_{fr,j}$ dargestellt. Die linke Spalte illustriert die Ergebnisse des zweiten Szenarios und die rechte Spalte die Ergebnisse des dritten Szenarios.

Das Fahrzeug erkundet eine in sich geschlossene Trasse der Länge 1200 m in Form einer Acht. Insgesamt wird die Trasse dabei 20-mal ohne Unterbrechung befahren. Da keine Vorkenntnisse über die Positionen der Stützstellen gegeben sind, erfolgt die Kartierung während der ersten Runde von Grund auf. Das notwendige Zurücksetzen des Fahrzeugs auf die bereits erstellte Karte nach der ersten Runde (engl. *loop closure*) wird manuell durchgeführt. Die anschließende Untersuchung der zeitlichen Entwicklung der Kovarianzmatrix der Karte erfolgt in zwei Schritten: Zuerst werden die Varianzen der Stützstellenpositionen und danach die Korrelationen zwischen den Stützstellen untersucht.

Die Kovarianzmatrix der 2D-Karte aus M-Stützstellen mit $\mathbf{x}_{m,k} \in \mathbb{R}^{2M}$ hat im Allgemeinen folgende Form:

$$\boldsymbol{\Sigma}_{mm,k} = \begin{bmatrix} \sigma^2_{1,k} & r_{12,k}\sigma_{1,k}\sigma_{2,k} & \cdots \\ r_{12,k}\sigma_{1,k}\sigma_{2,k} & \sigma^2_{2,k} & \cdots \\ \vdots & \vdots & \ddots \\ & & & \sigma^2_{2M,k} \end{bmatrix}. \tag{4.58}$$

Dabei beschreibt $\sigma_{u,k}$ die Standardabweichung der u-ten Komponente des Zustandsvektors und $r_{uv,k}$ den Korrelationskoeffizienten zwischen der u-ten und der v-ten Komponente des Zustandsvektors zum Zeitpunkt t_k.

In Bild 4.9 ist die zeitliche Entwicklung der Positionsunsicherheit einzelner Stützstellen während der rekursiven Aktualisierung dargestellt. Zum Zeitpunkt der Initialisierung der Stützstelle hängt deren Unsicherheit von der aktuellen Kovarianzmatrix der Zustandsschätzung des Systemzustands $\mathbf{x}_k$ und dem gewählten Extrapolationsrauschen ab. Insbesondere die Unsicherheit der Zustandsschätzung ist zum Zeitpunkt der Initialisierung variabel, entsprechend variiert die initiale Unsicherheit der Stützstellenpositionen. Durch die entwickelte Modellierung ist während der Aktualisierung der Systemkovarianzmatrix jederzeit gewährleistet, dass die Unsicherheit einer einmal initialisierten Stützstellenposition zu keinem Zeitpunkt erhöht wird. Insbesondere durch das statische Stützstellenmodell mit verschwindendem Systemrauschen ist sichergestellt, dass die Kovarianzmatrix der Karte während der zeitlichen Prädiktion exakt erhalten bleibt. Das Gleiche gilt für die räumliche Prädiktion: Von dem hier benötigten Extrapolationsrauschen ist lediglich die neue Stützstelle betroffen. Wie in Bild 4.9 zu sehen nimmt die Unsicherheit jeder Stützstellenposition nach erfolgter Initialisierung monoton ab.

Die Korrelationskoeffizienten spiegeln die geometrischen Abhängigkeiten zwischen den Stützstellen wider. Um diese Abhängigkeiten zu untersuchen und dabei aussagekräftige Ergebnisse zu erhalten, wird die Kovarianzmatrix der Karte geeignet normiert: Mit $\mathbf{U}_k = \mathrm{diag}(1/\sigma_{1,k}, \ldots, 1/\sigma_{2M,k})$ ergibt sich die normierte

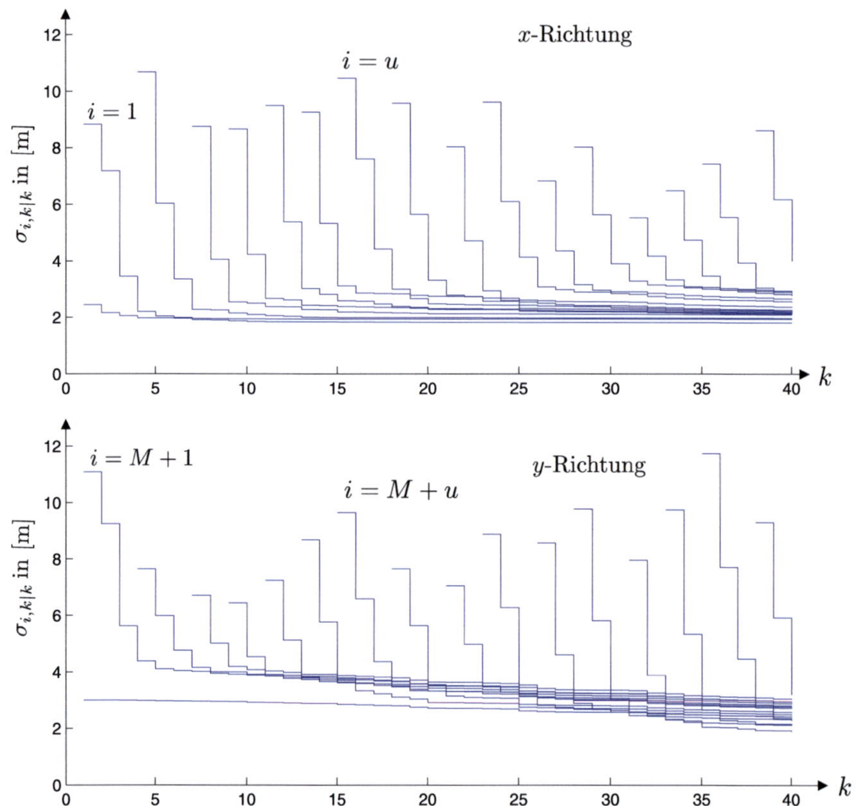

Bild 4.9: Zeitliche Entwicklung der Positionsunsicherheit einzelner Stützstellen während der rekursiven Aktualisierung: Der Wert der geschätzten Standardabweichung $\sigma_{i,k|k}$ der Stützstellenpositionen in x-Richtung (oben) und in y-Richtung (unten) nimmt nach erfolgter Initialisierung mit jeder Beobachtung ab.

Kovarianzmatrix

$$\tilde{\boldsymbol{\Sigma}}_{mm,k} = \mathbf{U}_k \boldsymbol{\Sigma}_{mm,k} \mathbf{U}_k = \begin{bmatrix} 1 & r_{12,k} & \cdots \\ r_{12,k} & 1 & \cdots \\ \vdots & \vdots & \ddots \\ & & & 1 \end{bmatrix}, \tag{4.59}$$

die auch als Korrelationsmatrix bezeichnet wird. In Bild 4.10 ist die normierte Kovarianzmatrix der geschätzten Karte für vier verschiedene Zeitpunkte dargestellt. Insgesamt beobachtet man qualitativ eine Zunahme der Korrelationen.

Eine quantitative Aussage über die Korrelationen zwischen den Stützstellen ist mit Hilfe der Determinanten der Kovarianzmatrix der Karte möglich: Für ein lineares Modell sind die Spalten von $\boldsymbol{\Sigma}_{mm,k|k}$ nach unendlich vielen Beobachtungen linear abhängig [Gamini Dissanayake u. a. 2001], weshalb die Determinante verschwindet [Zurmühl 1964]. Es gilt:

$$\lim_{k \to \infty} \left(\det(\boldsymbol{\Sigma}_{mm,k|k}) \right) = 0. \tag{4.60}$$

In Bild 4.11 wird der Verlauf der Determinanten der Kovarianzmatrix der Karte für ein bestimmtes Zeitintervall betrachtet, in dem die Anzahl der Stützstellen und somit die Dimension des Matrix $\dim(\boldsymbol{\Sigma}_{mm,k|k}) = 2M_k$ konstant ist. Trotz der im entwickelten Modell vorhandenen nichtlinearen Anteile kann eine monotone Abnahme der Determinanten beobachtet werden, während die Korrelationen zwischen den Stützstellen zunehmen. Dies ist in Übereinstimmung mit den Ergebnissen in [Gamini Dissanayake u. a. 2001].

4.5 Zusammenfassung

Das vorliegende Kapitel beschreibt ein Verfahren zur simultanen Lokalisierung und Kartierung spurgeführter Systeme. Das entwickelte Verfahren bestimmt rekursiv den aktuellen Bewegungszustand des Fahrzeugs und die Geometrie der Fahrzeugtrasse auf Basis eines zeitdiskreten Modells und von Beobachtungen. Die neuartige zeitdiskrete Beschreibung parametrisiert das System komponentenweise: Der Verlauf der Fahrzeugtrasse wird durch die Stützstellen einer ebenen Splinekurve beschrieben und die Fahrzeugbewegung wird in einer Dimension elegant zusammengefasst. Durch die getroffene Auswahl der Systemkomponenten und deren Gruppierung in einem gemeinsamen Systemzustand kommt die Methode ohne eine zusätzliche Karteneinpassung aus.

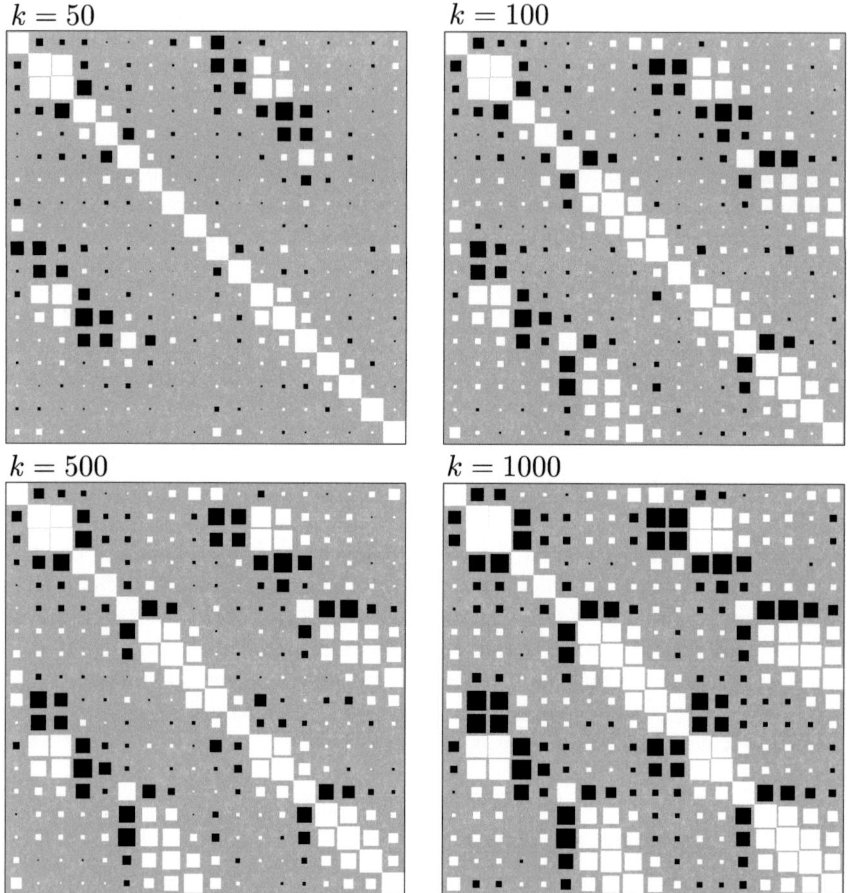

Bild 4.10: Hinton-Diagramme [Hinton u. Sejnowski 1986] der normierten Kovarianzmatrix der geschätzten Karte $\tilde{\Sigma}_{mm,k|k}$ zu verschiedenen Zeitpunkten t_k: Jedes Element der Matrix wird als Quadrat dargestellt, dessen Fläche proportional zum Betrag des korrespondierenden Matrixeintrags ist. Dabei entspricht weiß einem positiven und schwarz einem negativen Wert. Als Konsequenz der rekursiven Aktualisierung der Kovarianzmatrix nehmen die Korrelationen zwischen den Stützstellen insgesamt zu.

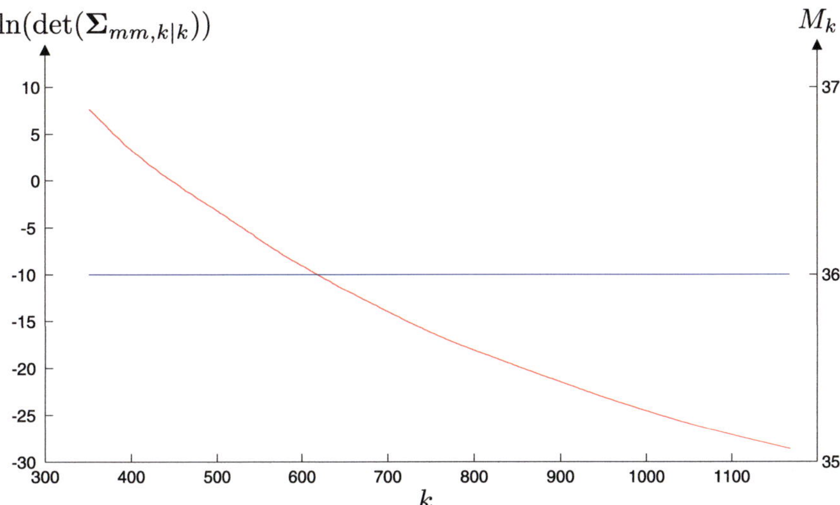

Bild 4.11: Logarithmus von $\det(\Sigma_{mm,k|k})$ in rot und Stützstellenanzahl M_k in blau über der Zeit: Im betrachteten Zeitintervall ist Anzahl der Stützstellen M_k konstant und der Wert der Determinanten nimmt monoton ab, während die Korrelationen zwischen den Stützstellen zunehmen.

Das Verfahren ermöglicht prinzipiell die Kartierung unbekannter Fahrzeugtrassen und die Korrektur fehlerhafter Karten. Um das zu erreichen, werden die Stützstellen der Karte konsequent als unsicher modelliert und zusätzliche Stützstellen werden hinzugefügt, um ein Anwachsen der Karte zu realisieren. Durch die rekursive Aktualisierung des gesamten Systemzustands mit dem EKF ist gewährleistet, dass die in der Karte vorhandene Unsicherheit monoton abgebaut wird und jederzeit eine aktuelle Schätzung der Karte zur Verfügung steht. Die Verringerung der Unsicherheit der Karte führt direkt zu einer Steigerung der Genauigkeit der Lokalisierung. Parallel dazu steigen die Korrelationen zwischen den Stützstellen der Splinekurve an, während die geometrischen Abhängigkeiten zunehmen. Es konnte gezeigt werden, dass das Filter konsistent ist.

Zusätzlich zu der beschriebenen Verfolgung des Systemzustandes bietet die entwickelte Modellierung die Möglichkeit, eine globale Lokalisierung im Kurvenatlas zu realisieren. Der grundlegende Lösungsansatz und die notwendigen Erweiterungen der vorhandenen Beschreibung werden im folgenden Kapitel vorgestellt und erprobt.

5 Globale Lokalisierung und Kartierung im Trassennetz

Dieses Kapitel behandelt die globale Lokalisierung und Kartierung eines spurgeführten Fahrzeugs in einem verzweigten Netz aus Fahrzeugtrassen schritthaltend mit dem Eintreffen von Beobachtungen. Das Modell der Umgebung ist der Kurvenatlas, in dem die Geometrie des Trassenverlaufs zwischen benachbarten Verzweigungen durch eine ebene Splinekurve in einem Kartenausschnitt zusammengefasst ist.

In Szenarien, in denen der Kurvenatlas die Netztopologie korrekt abbildet und lediglich die Geometrie der Trassen unsicher bekannt ist, sollen die Fahrzeugkoordinaten verfolgt und der Kurvenatlas regelmäßig aktualisiert werden. Das Verfahren soll auch ohne Vorwissen über die Netztopologie und die Trassengeometrie auskommen und einen Kurvenatlas von Grund auf neu erstellen. Eine langfristig konsistente Schätzung der Karte hat dabei höchste Priorität.

5.1 Stand der Technik und Lösungsansatz

Traversiert das Fahrzeug das verzweigte Netz aus Trassen, treten eine Reihe von Situationen auf, in denen der Systemzustand nur unzureichend mit einer unimodalen Gauß-Verteilung ausgedrückt werden kann. Stattdessen muss eine allgemeinere Verteilung der Fahrzeugposition abgebildet werden. Beispielsweise ist nach dem Befahren einer Verzweigung zunächst nicht sicher, in welchem der nachfolgenden Kartenausschnitte sich das Fahrzeug tatsächlich befindet. Das hat zur Folge, dass mehrere konkurrierende Systembeschreibungen möglich sind, die sich bezogen auf den Kartenausschnitt unterscheiden. Im vorliegenden Kapitel wird die Modellierung dahingehend erweitert, dass derartige Situationen behandelt werden können. In der Literatur finden sich eine Reihe von Ansätzen zur Lösung verwandter Probleme, die zunächst vorgestellt werden.

Eine zweckmäßige Implementierung des Bayes-Filters zur Verfolgung allgemeiner Verteilungen ist das Gauß'sche Summenfilter (engl. *Gaussian sum filter*), das in [Sorenson u. Alspach 1971] vorgeschlagen wird: Die a priori Dichte des Systemzustands wird mit einer Gauß'schen Mischverteilung (engl. *Gaussian mixture density*) approximiert, wobei die Genauigkeit der Approximation direkt von der Anzahl der Komponenten abhängt. Prinzipiell besteht keine Beschränkung bezüglich der erreichbaren Genauigkeit der Approximation [Alspach u. Sorenson 1972]. Zur Berechnung der a posteriori Dichte wird jede Komponente der Mischverteilung mit einem Erweiterten Kalman-Filter (EKF) basierend auf dem System- und dem Messmodell aktualisiert. Zusätzlich werden die Gewichte der einzelnen Komponenten individuell angepasst. Die Anpassung erfolgt komponentenweise in Abhängigkeit der Übereinstimmung zwischen vorhergesagter und tatsächlicher Beobachtung. In [Durrant-Whyte u. a. 2003] wird das Filter zur simultanen Lokalisierung und Kartierung eingesetzt. Jede Komponente der Gauß'schen Mischverteilung repräsentiert einen Pfad durch die Historie möglicher Datenassoziationen. Auch [Kwok u. a. 2005] setzt das Gauß'sche Summenfilter zur simultanen Lokalisierung und Kartierung ein. Durch Kopplung mit dem sequentiellen Likelihood-Quotienten-Test (SLQT) wird die Anzahl der Komponenten angepasst. In [Schoenberg u. a. 2009] wird das Filter zur Lokalisierung eines autonomen Fahrzeugs verwendet, um eine Verfolgung der Fahrzeugposition mit einer Sequenz unterschiedlich interpretierbarer Beobachtungen zu realisieren. Die Anzahl der Komponenten der Gauß'schen Mischverteilung bleibt dabei konstant.

Steht die Verfolgung einer endlichen, variablen Menge von Hypothesen im Vordergrund, ist von Multi-Hypothesen-Ansätzen [Blackman u. Popoli 1999] die Rede. Deren Ursprünge liegen in der militärischen Ein- oder Mehrzielverfolgung (engl. *single/multiple target tracking*) mit Radarbeobachtungen. Dabei werden Existenzhypothesen über mögliche Ziele aufgestellt, anhand der Beobachtungen überprüft und über die Zeit verfolgt. In [Roumeliotis u. Bekey 2000] und [Jenseld u. Kristensen 2001] werden Multi-Hypothesen-Ansätze zur Fahrzeuglokalisierung verwendet. In den betrachteten Szenarien existiert eine endliche Menge an Positionshypothesen der Fahrzeugkoordinaten, von denen lediglich eine mit der realen Position übereinstimmt. Die Hypothesen werden verfolgt und mit einem Hypothesentest wird die Anzahl der Hypothesen angepasst.

Stehen unterschiedliche Mess- und/oder Systemmodelle zur Verfügung, werden Multi-Modell-Verfahren [Bar-Shalom 2000] verwendet, die, je nach Systemzustand, zwischen den einzelnen Modellen umschalten. Eine etablierte Realisierung ist das interagierende Multi-Modell-Verfahren (engl. *Interacting Multiple Model (IMM)*): Die a posteriori Dichte ergibt sich als gewichtete Mischung der einzelnen Modellausgänge. Dabei wird jeder Ausgang separat mit einem EKF berechnet und die Gewichtung erfolgt entsprechend der Übereinstimmung zwischen dem jeweiligen Modellausgang und der vorliegenden Beobachtung. In [Kirubarajan u. a. 2000] werden mehrere Fahrzeuge in einem Netz aus Straßen mit einem IMM-Filter verfolgt. Die Modellauswahl erfolgt in Abhängigkeit von der aktuellen Positionsschätzung jedes Fahrzeugs und bezieht die Topologie und Geometrie des Straßennetzes mit ein.

Alternativ zu den EKF-basierten Methoden stellen Partikelfilter (PF) eine weitere Möglichkeit dar, allgemeine Verteilungen zu verfolgen. Ihre Einsetzbarkeit ist vielfältig und einen guten Überblick über ihre Verwendung zur simultanen Lokalisierung und Kartierung gibt [Thrun u. a. 2005]. In [Guivant u. Katz 2007] wird ein PF erfolgreich zur globalen Lokalisierung eines Fahrzeugs in einem Netz aus Straßen verwendet. Darüber hinaus wird in [Hensel u. Hasberg 2010] ein PF zur Lokalisierung im Schienenverkehr erfolgreich eingesetzt, das als Eingangsgrößen ausschließlich die Signale des Wirbelstromsensorsystems verarbeitet.

Wie aus Kapitel 4 hervorgeht, ermöglicht der EKF-basierte Ansatz die konsistente Schätzung des spurgeführten Systems. Deshalb wird auch weiterhin auf die Verwendung des rechenintensiveren PF verzichtet. Obwohl der Systemzustand in Kapitel 4 jederzeit durch eine unimodale Gauß-Verteilung beschrieben werden kann, reicht diese Verteilung in bestimmten Zeitintervallen nicht aus, um das System ausreichend zu charakterisieren. Stattdessen bildet eine Menge konkurrierender Zustandshypothesen die Systemkenntnis ab. Die Auswahl des pro Hypothese gültigen System-, Beobachtungs- und Extrapolationsmodells erfolgt in Abhängigkeit der Netztopologie. Die Aktualisierung der Hypothesen basiert auf dem ausgewählten Modell und erfolgt mit einem Multi-Hypothesen-Filter (MHF), das jede Zustandshypothese separat mit einem EKF aktualisiert. Ergänzend wird in einem SLQT die Korrektheit jeder einzelnen Hypothese schritthaltend bewertet, um die Hypothesenanzahl zu reduzieren und die richtige Hypothese zu finden. Obgleich bei der Verfolgung der Hypothesen die Kartierung dezentral für jede Hypothese ständig durchgeführt wird, setzt die Aktualisierung des Kurvenatlas voraus, dass der SLQT konvergiert ist. Somit ist die Konsistenz der geschätzten Karte langfristig garantiert.

Obwohl Multi-Hypothesen-Modelle zur Lokalisierung im straßengebundenen Verkehr bereits erfolgreich verwendet werden, ist ihr Einsatz zur simultanen Lokalisierung und Kartierung spurgeführter Systeme neu. Die Modellierung erweitert konsequent die vorhandene Systembeschreibung und ermöglicht eine einheitliche Behandlung unterschiedlichster Situationen. Auf Basis des Modells kann der gekoppelte Einsatz von MHF und SLQT zur Verfolgung der konkurrierenden Zustandshypothesen realisiert werden, mit dem vielversprechende Erfahrungen bei der Lösung des SLAM-Problems bestehen. Der Entscheidung des SLQT basiert auf der schritthaltenden Auswertung von Likelihood-Funktionen, die individuell an das spurgeführte System angepasst werden.

Zunächst wird das Multi-Hypothesen-Modell vorgestellt. Anschließend folgt die Beschreibung des MHF sowie des SLQT. Durch die Kopplung dieser Verfahren ist

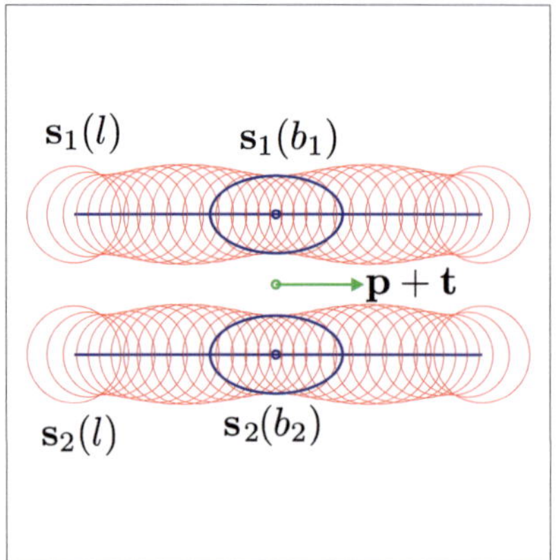

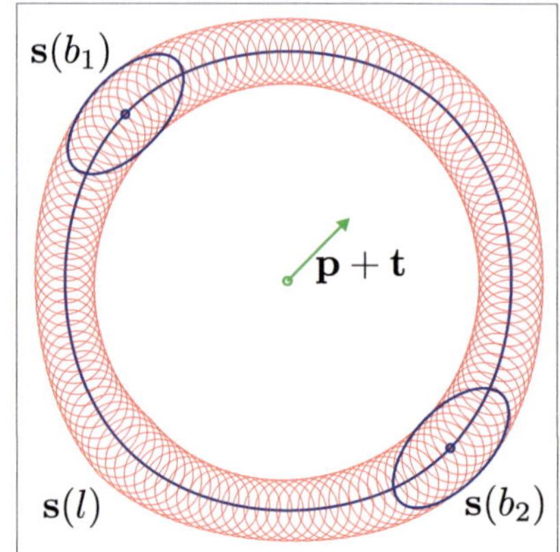

Bild 5.1: Beschreibung des Systems über konkurrierende Hypothesen: In den dargestellten Situationen kann eine ideale Beobachtung $\mathbf{z} = (\mathbf{p}^{\mathrm{T}}, \mathbf{t}^{\mathrm{T}})^{\mathrm{T}}$ durch mehrere Hypothesen gleichwertig erklärt werden. Links: Aufgrund der Beobachtung sind zumindest zwei Hypothesen, $\mathbf{p}_{f,1} = \mathbf{s}_1(b_1)$ und $\mathbf{p}_{f,2} = \mathbf{s}_2(b_2)$, über die Fahrzeugposition auf den beiden Kurven $\mathbf{s}_1(l)$ und $\mathbf{s}_2(l)$ in der Ebene möglich. Rechts: Aufgrund der Beobachtung sind ebenfalls zwei Hypothesen, $\mathbf{p}_{f,1} = \mathbf{s}(b_1)$ und $\mathbf{p}_{f,2} = \mathbf{s}(b_2)$, über die Fahrzeugposition auf der Kurve $\mathbf{s}(l)$ möglich.

die globale Lokalisierung und Kartierung im Trassennetz möglich, auch wenn der Kurvenatlas unbekannt ist. Die entwickelte Strategie wird beschrieben und erprobt.

5.2 Multi-Hypothesen-Modell

Die Idee, das unbekannte System über eine endliche Menge konkurrierender Zustandshypothesen zu beschreiben, illustriert Bild 5.1. Dabei wird angenommen, dass eine der Hypothesen richtig ist und diese Hypothese das System korrekt beschreibt. Liegt beispielsweise eine einzige Beobachtung des Systemzustands vor, sind in den dargestellten Situationen zumindest zwei plausible Erklärungen möglich. Erst durch wiederholtes Messen und die zusätzliche zeitliche Verfolgung der Fahrzeugposition ist es möglich, die richtige Hypothese zu finden.

Der Systemzustand sei $\mathbf{x} = (\mathbf{x}_f^{\mathrm{T}}, \mathbf{x}_m^{\mathrm{T}})^{\mathrm{T}}$. Seine zeitliche und räumliche Entwicklung sowie der mathematische Zusammenhang des Systemzustands zu Beobachtungen wird mit der in Kapitel 4 hergeleiteten Modellierung vollständig beschrieben.

Jeder der Zustände $\mathbf{x}_j$ mit $j = 1, \ldots, J$ stellt eine Hypothese über den System-zustand $\mathbf{x}$ dar. Diese ist vollständig durch den Mittelwertvektor $\hat{\mathbf{x}}_j$ und die Kova-rianzmatrix $\boldsymbol{\Sigma}_j$ beschrieben. Zusätzlich gibt $\alpha_j \geq 0$ an, mit welcher Wahrschein-lichkeit die j-te Hypothese über den Systemzustand richtig ist. Insgesamt werden die Zustandshypothesen als Menge

$$\left\{ (\alpha_j, \mathbf{x}_j) \right\}_{j=1}^{J} \tag{5.1}$$

zusammengefasst. Darüber hinaus wird angenommen, dass eine der Hypothesen richtig ist und insgesamt

$$\sum_{j=1}^{J} \alpha_j = 1 \tag{5.2}$$

gilt.

Die Dimension der konkurrierenden Zustandsvektoren $\dim(\mathbf{x}_j) = 3 + 2M_j$ ist direkt abhängig von der Anzahl M_j der Stützstellen des Kartenausschnitts in dem sich das Fahrzeug befindet. Bestehen mehrere Hypothesen über die Fahrzeugpo-sition innerhalb unterschiedlicher Kartenausschnitte, variiert die Dimension des Zustandsvektors zwischen den einzelnen Hypothesen. Die Angabe eines Gesamt-systemzustands als Summe über die einzelnen Hypothesen mit einer Gauß'schen Mischverteilung ist auch deshalb nicht möglich.

Statt dessen kann, z. B. zum Zweck der Visualisierung, eine Transformation der einzelnen Zustandshypothesen erfolgen. Die Dichte der Fahrzeugsposition in kar-tesischen Koordinaten $p(\mathbf{p}_f)$ lautet beispielsweise

$$p(\mathbf{p}_f) = \sum_{j=1}^{J} \alpha_j \cdot p(\mathbf{p}_{f,j}), \tag{5.3}$$

wobei $\mathbf{p}_{f,j}$ gemäß Gleichung (3.28) direkt aus $\mathbf{x}_j$ folgt. Durch Linearisierung um den Mittelwert $\hat{\mathbf{x}}_j$ ist schließlich

$$\mathbf{p}_{f,j} = \mathbf{s}_j(b_j) := \mathbf{v}(\mathbf{x}_j) \tag{5.4}$$

$$\approx \mathbf{v}(\hat{\mathbf{x}}_j) + \mathbf{V}(\mathbf{x}_j - \hat{\mathbf{x}}_j). \tag{5.5}$$

Dabei ist $\mathbf{V}$ die Jacobi-Matrix der Funktion $\mathbf{v}(\mathbf{x}_j)$ an der Stelle $\hat{\mathbf{x}}_j$. Die zweite Komponente der einzelnen Summanden in Gleichung (5.3) ist dann näherungs-

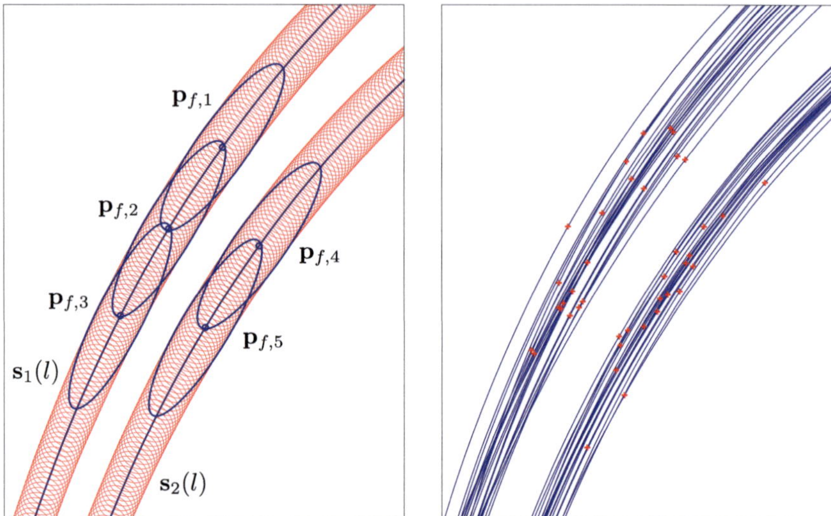

Bild 5.2: Darstellung der Aufenthaltswahrscheinlichkeit des Fahrzeugs in kartesischen Koordinaten: Jede der $J = 5$ konkurrierenden Zustandshypothesen liefert eine Komponente der Gauß'schen Mischverteilung (links). Dabei sind $\hat{\mathbf{s}}_1(l)$
und $\hat{\mathbf{s}}_2(l)$ die erwarteten Verläufe der Spurführung (blau) und es gilt $\alpha_j = 0{,}2$
für $j = 1,\ldots,5$. Zusätzlich sind 40 Realisierungen der Verteilungen dargestellt
(rechts).

weise gaußverteilt. Es gilt also

$$p(\mathbf{p}_f) \approx \sum_{j=1}^{J} \alpha_j \cdot \mathcal{N}(\mathbf{p}_{f,j}|\mathbf{v}(\hat{\mathbf{x}}_j), \mathbf{V}\mathbf{\Sigma}_j\mathbf{V}^{\mathsf{T}}). \tag{5.6}$$

Somit ist $p(\mathbf{p}_f)$ zumindest näherungsweise eine Gauß'sche Mischverteilung, deren
Gewichte α_j den Wahrscheinlichkeiten der Zustandshypothesen entsprechen. In
Bild 5.2 ist der Zusammenhang exemplarisch visualisiert.

Im Rahmen der globalen Lokalisierung und Kartierung im Kurvenatlas bietet das
Multi-Hypothesen-Modell die Möglichkeit das System übersichtlich zu beschreiben und zu visualisieren.

5.3 Sequentielle Verfolgung der Hypothesenmenge

Auf Grundlage der in Kapitel 5.2 beschriebenen Modellierung erfolgt die Verfolgung der Menge konkurrierender Zustandshypothesen schritthaltend mit dem Eintreffen von Beobachtungen. Gemäß Gleichung (5.1) fasst die Menge

$$\left\{ \left(\alpha_{j,k}, \mathbf{x}_{j,k} \right) \right\}_{j=1}^{J_k} \tag{5.7}$$

das System zum Zeitpunkt t_k kompakt zusammen. Die Strategie, um diese Menge in einem Zeitschritt zu aktualisieren, gliedert sich in zwei Phasen:

1. Das MHF liefert die Aktualisierung der einzelnen Zustandshypothesen. Die Anzahl der Hypothesen bleibt dabei konstant.

2. Die Bewertung der Hypothesen und die Reduktion der Hypothesenanzahl J_k erfolgt mit dem SLQT.

5.3.1 Multi-Hypothesen-Filter

Stehen mehrere sich ergänzende oder konkurrierende Modelle oder Hypothesen zur Verfügung, ist deren Verfolgung mit einer identischen Anzahl Bayes-Filter möglich. In der Literatur ist dann in der Regel von Multi-Modell-Filtern [Bar-Shalom u. a. 2001] oder Multi-Hypothesen-Filtern [Thrun u. a. 2005] die Rede. Da in vielen Anwendungen eine näherungsweise Beschreibung der einzelnen Komponenten mit unimodalen Gauß-Verteilungen gültig ist, erfolgt die Verfolgung in der Regel separat mit EKFs. Ist zur Beschreibung eines Phänomens eine unimodale Gauß-Verteilung nicht ausreichend, kann die vorliegende Verteilung mit Hilfe einer Gauß'schen Mischverteilung approximiert werden [Alspach u. Sorenson 1972]. Die einzelnen Komponenten dieser Verteilung werden mit einem Gauß'schen Summenfilter verfolgt, das im Kern ebenfalls aus mehreren EKFs besteht [Sorenson u. Alspach 1971]. Die Aktualisierung der Gewichte der einzelnen Komponenten erfolgt in der Regel nach dem Innovationsschritt, z.B. durch Auswertung des Messresiduums. Prinzipiell sind zwei Vorgehensweisen möglich [Hanebeck u. Schrempf 2008]: In einigen Ansätzen, wie z.B. in [Ito u. Xiong 2000], werden die Gewichte simultan zueinander neu berechnet. Aufgrund des resultierenden numerischen Aufwandes werden in der Praxis häufig Verfahren eingesetzt, bei denen die Anpassung der Gewichte individuell erfolgt. Dieses Konzept wurde erstmals in [Alspach u. Sorenson 1972] vorgeschlagen und wird seither im Wesentlichen unverändert angewendet. Die Komponenten- bzw. Hypothesenanzahl bleibt dabei konstant.

Das Ziel ist die Verfolgung mehrerer konkurrierender Hypothesen über den Systemzustand. Die Dimension der einzelnen Zustandsvektoren ist im Allgemeinen nicht gleich und variiert, beispielsweise bei der Erkundung eines unbekannten Gebietes. Die Aktualisierung der Modelle erfolgt separat mit einem EKF pro Hypothese und die Anpassung der Gewichte basiert auf der Auswertung des Messresiduums.

Jede Hypothese j mit $j = 1, \ldots, J_k$ ist durch die ersten beiden Momente $\hat{\mathbf{x}}_{j,k}$ und $\boldsymbol{\Sigma}_{j,k}$ sowie den Gewichtungsfaktor $\alpha_{j,k}$ vollständig beschrieben. Entsprechend der Beschreibung in Kapitel 4.3 werden die Momente der einzelnen Hypothesen unabhängig voneinander mit einer Bank von J_k Filtern angepasst. Die verwendete Notation stimmt mit der in Kapitel 4.3 überein. Ergänzend dazu erfolgt die Aktualisierung der Gewichte $\alpha_{j,k}$ gemäß dem in [Alspach u. Sorenson 1972] vorgeschlagenen Verfahren. Während im Prädiktionsschritt des Filters die Gewichte der einzelnen Hypothesen unverändert

$$\alpha^+_{j,k|k-1} = \alpha_{j,k-1|k-1} \tag{5.8}$$

bleiben, werden sie beim Eintreffen eines Messwerts $\hat{\mathbf{z}}_k$ mit Hilfe des Messresiduums angepasst. Dabei wird das Messrauschen $\boldsymbol{\Sigma}_{\mathbf{v},k}$ als bekannt vorausgesetzt. Es gilt

$$\alpha_{j,k|k} = \frac{\alpha^+_{j,k|k-1} \mathcal{N}(\boldsymbol{\nu}_{j,k}|\mathbf{0}, \mathbf{S}_{j,k})}{\sum_{j=1}^{J_k} \alpha^+_{j,k|k-1} \mathcal{N}(\boldsymbol{\nu}_{j,k}|\mathbf{0}, \mathbf{S}_{j,k})} \tag{5.9}$$

mit

$$\boldsymbol{\nu}_{j,k} = \hat{\mathbf{z}}_k - \mathbf{h}_{j,k}(\hat{\mathbf{x}}^+_{j,k|k-1}) \tag{5.10}$$

$$\mathbf{S}_{j,k} = \mathbf{H}_{j,k}\boldsymbol{\Sigma}^+_{j,k|k-1}\mathbf{H}^{\mathrm{T}}_{j,k} + \boldsymbol{\Sigma}_{\mathbf{v},k}. \tag{5.11}$$

Bei der Verfolgung einer einzelnen Hypothese mit $J_k = 1$ ergeben sich für die betrachteten Momente identische Ergebnisse verglichen mit dem in Kapitel 4 vorgestellten Verfahren. Die Vorgehensweise erweitert damit konsequent die bereits entwickelte Methode.

5.3.2 Sequentieller Likelihood-Quotienten-Test

Der SLQT (engl. *sequential likelihood ratio test*) ist ein sequentieller Hypothesentest, der anhand aller bisher erfassten Beobachtungen prüft, ob eine begründete

Entscheidung für oder wider einer Hypothese getroffen werden kann. Reichen die Beobachtungen nicht aus, um zum aktuellen Zeitpunkt eine Entscheidung zu treffen, wird der Test solange fortgesetzt, bis eine Entscheidung möglich ist. Da die Beobachtungen generell unsicher sind, ist zwangsläufig auch die abgeleitete Entscheidung unsicher und es kommt zu Fehlentscheidungen. Die Häufigkeit dieser Fehlentscheidungen wird über die Festlegung eines Signifikanzniveaus gesteuert. Einen allgemeinen Überblick über gängige (u. a. auch sequentielle) Hypothesentests geben [Fukunaga 1972] und [Kil u. Shin 1996]. Typische Anwendungsgebiete sind die Identifikation einzelner Sprecher in einem verrauschten Signal [Noda u. Kawaguchi 2000] oder die Verbesserung des RANSAC-Algorithmus (engl. *Random Sample Consensus*) [Matas u. Chum 2005].

Das Ziel ist, unter den gegebenen Zustandshypothesen den Zustand zu identifizieren, der das System korrekt beschreibt. Um eine heuristische Schlussfolgerung bei der Auswahl des Zustands zu umgehen und der mit jeder neuen Beobachtung anwachsenden Systemkenntnis gerecht zu werden, wird ein SLQT eingesetzt. Im Kern handelt es sich dabei um einen Verhältnistest mit zwei Grenzwerten, der so lange fortgeführt wird, bis ein vorher festgelegtes Konfidenzintervall erreicht wird. Da die Qualität der Beobachtungen variiert, ist es im Vorfeld des Tests nicht möglich, die Anzahl der benötigten Beobachtungen anzugeben. Die sequentielle Verarbeitung stellt stattdessen sicher, dass die Entscheidung, bei wählbarer Fehlerrate, mit einer minimalen durchschnittlichen Anzahl von Beobachtungen getroffen wird [Fukunaga 1972].

Eine Sequenz voneinander unabhängiger Messwerte $\hat{\mathbf{z}}_i$ des Systemzustands mit $i = 1, \ldots, k$ liegt vor. Die Hypothese H_0 spricht für einen bestimmtem Zustand, während die (Alternativ-) Hypothese H_1 gegen diesen Zustand spricht. Weiterhin sind die Likelihood-Funktionen $p(\hat{\mathbf{z}}_i | H_0)$ und $p(\hat{\mathbf{z}}_i | H_1)$ gegeben. Auf Grundlage des Quotienten der Likelihood-Funktionen

$$\Lambda(\hat{\mathbf{z}}_1, \ldots, \hat{\mathbf{z}}_k) = \prod_{i=1}^{k} \frac{p(\hat{\mathbf{z}}_i | H_0)}{p(\hat{\mathbf{z}}_i | H_1)}, \tag{5.12}$$

für alle bisher zur Verfügung stehenden Beobachtungen, wird geprüft, ob eine Entscheidung für eine der beiden Hypothese getroffen werden kann:

- Wenn $\Lambda(\hat{\mathbf{z}}_1, \ldots, \hat{\mathbf{z}}_k) > A$, ist H_0 richtig.

- Wenn $\Lambda(\hat{\mathbf{z}}_1, \ldots, \hat{\mathbf{z}}_k) < B$, ist H_1 richtig.

Die Häufigkeit von Fehlentscheidungen wird dabei durch die beiden Schwellwerte A und B kontrolliert. Um die Schwellwerte festzulegen, wird in [Wald 1947] eine

Methode vorgeschlagen. Diese stellt näherungsweise einen Zusammenhang von A bzw. B mit den Fehlerwahrscheinlichkeiten α bzw. β für Fehler vom Typ 1 bzw. Fehler vom Typ 2 her und nutzt diesen zur Bestimmung der Schwellwerte aus. Dieser Zusammenhang lautet

$$A \approx \frac{1 - \beta}{\alpha} \quad \text{und} \quad B \approx \frac{\beta}{1 - \alpha}. \tag{5.13}$$

Es liegt eine Sequenz voneinander unabhängiger Beobachtungen $\hat{\mathbf{z}}_i$ des Systems mit $i = 1, \ldots, k$ vor. Zusätzlich stehen J_k unterschiedliche Zustandshypothesen zur Verfügung, von denen lediglich eine richtig ist. Um diese zu finden, wird über jede Zustandshypothese separat, jeweils nach dem Eintreffen einer Beobachtung, entschieden. Für den j-ten Zustand lauten die beiden Hypothesen:

- H_0: Der j-te Zustand beschreibt das System korrekt.

- H_1: Der j-te Zustand beschreibt das System nicht korrekt.

Wie bereits in [Alspach u. Sorenson 1972] zur adaptiven Anpassung des Modellgrads vorgeschlagen, werden die Messresiduen $\boldsymbol{\nu}_{j,i}$ gemäß Gleichung (5.10) und die Kovarianzmatrix $\mathbf{S}_{j,i}$ entsprechend Gleichung (5.11) verwendet, um die Korrektheit des j-ten Zustands zu bewerten. Der Wert des Likelihood-Quotienten zum Zeitpunkt t_{k-1} lautet

$$\Lambda(\boldsymbol{\nu}_{j,1}, \ldots, \boldsymbol{\nu}_{j,k-1}) = \prod_{i=1}^{k-1} \frac{p(\boldsymbol{\nu}_{j,i}|H_0)}{p(\boldsymbol{\nu}_{j,i}|H_1)} := \Lambda_{j,k-1} \tag{5.14}$$

und hängt von allen bis zum Zeitpunkt t_{k-1} zur Verfügung stehenden Messresiduen ab. Trifft zum Zeitpunkt t_k eine Beobachtung $\hat{\mathbf{z}}_k \in \mathbb{R}^d$ ein, lautet der Quotient der Likelihood-Funktionen

$$\Lambda_{j,k} = \Lambda_{j,k-1} \cdot \left[\frac{p(\boldsymbol{\nu}_{j,k}|H_0)}{p(\boldsymbol{\nu}_{j,k}|H_1)} \right] \tag{5.15}$$

für $j = 1, \ldots, J_k$. Er folgt somit rekursiv aus dem Likelihood-Quotienten zum vergangen Zeitpunkt. Die Likelihood-Funktion für den j-ten Zustand sei durch

$$p(\boldsymbol{\nu}_{j,k}|H_0) = \frac{1}{\sqrt{2\pi^d \det(\mathbf{S}_{j,k})}} \exp\left(-\frac{1}{2} \boldsymbol{\nu}_{j,k}^{\mathrm{T}} \mathbf{S}_{j,k}^{-1} \boldsymbol{\nu}_{j,k} \right) \tag{5.16}$$

gegeben, während die Likelihood-Funktion

$$p(\boldsymbol{\nu}_{j,k}|H_1) = \max\left\{p(\boldsymbol{\nu}_{n,k}|H_0)\right\}_{n=1,n\neq j}^{J_k} \tag{5.17}$$

gegen den j-ten Zustand spricht.

Um zum Zeitpunkt t_k den j-ten Zustand zu bewerten, wird der Likelihood-Quotient $\Lambda_{j,k}$ entsprechend Gleichung (5.15) berechnet. Auf Basis des ermittelten Wertes wird eine der folgenden drei Entscheidungen getroffen:

1. Wenn $\Lambda_{j,k} > A$, ist der Zustand gefunden, der das System korrekt beschreibt. Alle anderen Zustände werden verworfen und der Hypothesentest ist beendet.

2. Wenn $\Lambda_{j,k} < B$, ist ein Zustand identifiziert, der das System nicht korrekt beschreibt. Es wird verworfen und die Suche geht mit der reduzierten Anzahl an Zuständen weiter.

3. Wenn $B \leq \Lambda_{j,k} \leq A$, ist es zum aktuellen Zeitpunkt nicht möglich eine endgültige Entscheidung über den j-ten Zustand zu treffen. Die Suche geht mit der identischen Anzahl an Zuständen weiter.

Sofern $J_k > 1$, ist es auf diese Weise möglich, die Hypothesenanzahl zu reduzieren und frühzeitig den Systemzustand zu identifizieren, der die tatsächliche Fahrzeugposition und die gültige Karte beinhaltet.

5.4 Lokalisierung und Kartierung im Kurvenatlas

Durch die Kopplung von MHF und SLQT zur Verfolgung der konkurrierenden Zustandshypothesen wird eine einheitliche Behandlung unterschiedlicher Situationen erreicht. Beispielsweise kann eine globale Fahrzeuglokalisierung in einem gegebenen Kurvenatlas erfolgen. Darüber hinaus ist es möglich, einen Kurvenatlas von Grund auf neu zu erstellen und sowohl die gesamte Netztopologie als auch die Geometrie einzelner Fahrzeugtrassen zu bestimmen.

Das System wird durch eine Menge konkurrierender Zustandshypothesen beschrieben. Die Aktualisierung dieser Hypothesen in einem Zeitschritt setzt sich aus zwei Phasen zusammen: In der ersten Phase werden die Hypothesen, entsprechend Kapitel 5.3.1, zeitlich und räumlich prädiziert und unter Berücksichtigung der aktuellen Beobachtung $\hat{\mathbf{z}}_k$ mit einem MHF aktualisiert. Die Hypothesenanzahl J_k bleibt in dieser Phase konstant. In der zweiten Phase wird, basierend auf dem in Kapitel 5.3.2 vorgestellten SLQT, getestet, ob eine Entscheidung für oder wider eine einzelne Hypothese getroffen werden kann. Entsprechend dieser Entscheidung reduziert sich dabei ggf. die Hypothesenanzahl J_k. Es treten Zeitpunkte auf, in denen das System vollständig durch eine einzige Hypothese charakterisiert wird und Zeitpunkte in denen $J_k > 1$ gilt. Um langfristig die Widerspruchsfreiheit des Kurvenatlas sicherzustellen, wird zwischen einer dezentralen und einer zentralen Kartierung unterschieden:

- Die **dezentrale Kartierung** findet parallel zur Lokalisierung für jede der konkurrierenden Zustandshypothesen zu jedem Zeitpunkt statt. Bei der Verfolgung der Hypothesen mit dem MHF wird der Systemzustand jeder Hypothese und damit insbesondere der korrespondierende Kartenausschnitt aktualisiert. Bemerkenswert ist dabei, dass im EKF-Innovationsschritt jede Beobachtung zur Aktualisierung jeder Zustandshypothese gleichermaßen verwendet wird.

- Die **zentrale Kartierung** wird zu Zeitpunkten durchgeführt, in denen die Anzahl konkurrierender Zustandshypothesen auf $J_k = 1$ konvergiert ist. Im Kurvenatlas wird der Kartenausschnitt ersetzt, auf dem sich das Fahrzeug zum aktuellen Zeitpunkt befindet. Hat das Fahrzeug zum aktuellen Zeitpunkt bereits den Kartenausschnitt gewechselt, wird zusätzlich die Historie vergangener Ausschnitte im Kurvenatlas ausgetauscht. Nach der Detektion eines bisher unbekannten Kartenausschnitts wird darüber hinaus die Topologie des Atlas angepasst und der Ausschnitt im Kurvenatlas ergänzt.

5.4.1 Globale Lokalisierung

In Situationen, in denen die Netztopologie vollständig gegeben ist, ermöglicht die Kopplung von MHF und SLQT die globale Lokalisierung im Kurvenatlas. Ist die Trassengeometrie lediglich näherungsweise bekannt, wird die Kartierung parallel zur Lokalisierung weitergeführt.

Die globale Lokalisierung setzt die Initialisierung der Menge konkurrierender Zustandshypothesen voraus. Diese wird mit Hilfe der entwickelten Modellierung in die Initialisierung der Gauß'schen Mischverteilung überführt und erfolgt allgemein durch Approximation einer a priori Dichte mit der gewählten Systembeschreibung. Ein bei Gauß'schen Mischverteilungen gängiges Konzept basiert auf einer Rasterung der relevanten Bereiche des Zustandsraums [Alspach u. Sorenson 1972]: Entlang des gewählten Gitters werden die Mittelwerte $\hat{x}_{j,0}$ der einzelnen Komponenten der Gauß'schen Mischverteilung platziert. Die Bestimmung der verbleibenden Parameter erfolgt durch Minimierung eines Abstandsmaßes zwischen der a priori Dichte und der resultierenden initialen Gauß'schen Mischverteilung. Im vorliegenden Fall wird dieses Konzept zur Initialisierung der Menge an Zustandshypothesen genutzt.

Im allgemeinen muss angenommen werden, dass kein Vorwissen über die Bogenlängenposition b_0 des Fahrzeugs vorliegt. Entsprechend ist die a priori Dichte der Bogenlängenposition eine Gleichverteilung entlang aller Kartenausschnitte des Kurvenatlas und die kartesische Fahrzeugposition $\mathbf{p}_{f,0}$ wird entsprechend Gleichung (5.6) durch eine Gauß'sche Mischverteilung approximiert: Dazu werden zunächst sämtliche Kurven des Kurvenatlas gleichmäßig entlang ihres Kurvenparameters gerastert. Entlang dieses Rasters werden anschließend die Mittelwerte der Bogenlängenpositionen $\hat{b}_{j,0}$ jeder Komponente der Gauß'schen Mischverteilung platziert, um die a priori Gleichverteilung der Bogenlängenposition anzunähern. Entsprechend der Manövereigenschaften des Fahrzeugs werden schließlich die verbleibenden Anteile von $\mathbf{x}_{f,j,0}$ festgelegt und gemäß

$$\mathbf{x}_{j,0} = \begin{bmatrix} \mathbf{x}_{f,j,0} \\ \mathbf{x}_{m,j,0} \end{bmatrix} \tag{5.18}$$

mit den Stützstellen des korrespondierenden Kartenausschnitts $\mathbf{x}_{m,j,0}$ gekoppelt.

Bei der Verfolgung der Fahrzeughypothesen kommt es vor, dass eine Hypothese von einem Kartenausschnitt an einen benachbarten Ausschnitt weiter gegeben wird. Da die Topologie bekannt ist, muss dabei keine zusätzliche Unsicherheit berücksichtigt werden. Die Momente der aktualisierten Hypothese folgen aus dem Zustandsvektor der betroffenen Hypothese. Schließen sich $N > 1$ Nachbarn an den aktuellen Ausschnitt an, lautet die Wahrscheinlichkeit der aktualisierten Hypothesen $\alpha_{j,k|k}/N$ und die Hypothesenanzahl nimmt zu.

Die Funktionsweise des beschriebenen rekursiven Schätzers zur globalen Lokalisierung wird mit Hilfe synthetischer Daten untersucht. Bei der Generierung der Referenzdaten werden die in Kapitel 4.3.2 beschriebenen typischen Systemeigenschaften berücksichtigt. Es werden zwei Szenarien untersucht:

- **Szenario 1:** Im ersten Szenario bewegt sich das Fahrzeug entlang der mittleren von fünf parallelen Fahrzeugtrassen. Der Abstand paralleler Trassen beträgt 4 m.

- **Szenario 2:** Im zweiten Szenario verlässt das Fahrzeug einen Kartenausschnitt, an den sich drei Kartenausschnitte anschließen, die innerhalb von 50 m in drei parallele Trassen überführt werden. Der Abstand paralleler Trassen beträgt wieder 4 m und das Fahrzeug fährt entlang der mittleren Trasse.

σ_p in [m]	Anzahl Beobachtungen $\mu \pm \sigma$ A=0,001, B=999	Fehler in %	Anzahl Beobachtungen $\mu \pm \sigma$ A=0,0001, B=9999	Fehler in %
0,0	$2,93 \pm 0,70$	0	$3,25 \pm 0,59$	0
0,5	$3,70 \pm 1,93$	0	$4,27 \pm 1,69$	0
1,0	$9,65 \pm 3,28$	0	$10,28 \pm 3,69$	0
1,5	$14,07 \pm 6,82$	2	$15,49 \pm 7,14$	1
2,0	$12,35 \pm 9,64$	9	$17,67 \pm 10,19$	7

Tabelle 5.1: Ergebnisse des SLQT für das erste Szenario: Für $\sigma_d = 0,0$ m ist die Karte exakt bekannt und die Kartierung wird ausgesetzt.

Um die Leistungsfähigkeit des Schätzers bewerten zu können, werden jeweils 100 Datensätze erzeugt. Bei konstanter Abtastzeit von $T = 1$ s sind sowohl die Manövereigenschaften des Fahrzeugs als auch die Eigenschaften des verwendeten Sensorsystems entsprechend Kapitel 4.3.2 konstant. Es gilt $\sigma_d = 0,4$ m/s^2 und $\Sigma_{v,k} = \text{diag}(1\text{m}, 1\text{m}, 10^{-2}\text{m}, 10^{-2}\text{m}, 5 \cdot 10^{-2}\text{m/s})^2$. Basierend auf dem Modell (4.54) werden durch Variation von σ_p Kartenausschnitte unterschiedlicher Qualität erzeugt. Der SLQT wird zweimal mit verschiedenen Entscheidungsgrenzen A und B durchgeführt.

In Bild 5.3 sind exemplarisch die Ergebnisse für jeweils einen Datensatz pro Szenario dargestellt. Im ersten Szenario werden drei der insgesamt fünf Hypothesen bereits nach wenigen Beobachtungen ausgeschlossen. Sobald die Entscheidung gegen die $j = 4$-te Hypothese (türkis) feststeht, verbleibt lediglich die $j = 5$-te Hypothese (grün) und der Hypothesentest wird abgebrochen. Im zweiten Szenario werden beim Verlassen des aktuellen Kartenausschnitts drei konkurrierende Hypothesen initialisiert. Gleichzeitig wird der SLQT gestartet. Bereits beim Eintreffen der 4-ten Beobachtung wird die $j = 1$-te Hypothese (blau) und wenig später die $j = 2$-te Hypothese (lila) verworfen.

In Tabelle 5.1 und 5.2 sind die Ergebnisse für alle Datensätze zusammengefasst. Die Fehlerhäufigkeit hängt in beiden Szenarien von der Qualität der Kartenausschnitte zu Beginn der Verarbeitung ab: Mit einer Zunahme von σ_p nimmt die Abweichung zwischen Referenzverlauf und Initialisierung zu. Es dauert länger bis eine Entscheidung getroffen werden kann und es kommt häufiger zu Fehlentscheidungen. Durch Verschiebung der Entscheidungsgrenzen A und B wird zwar die mittlere Testdauer vergrößert, aber auch die resultierende Fehlerrate verringert.

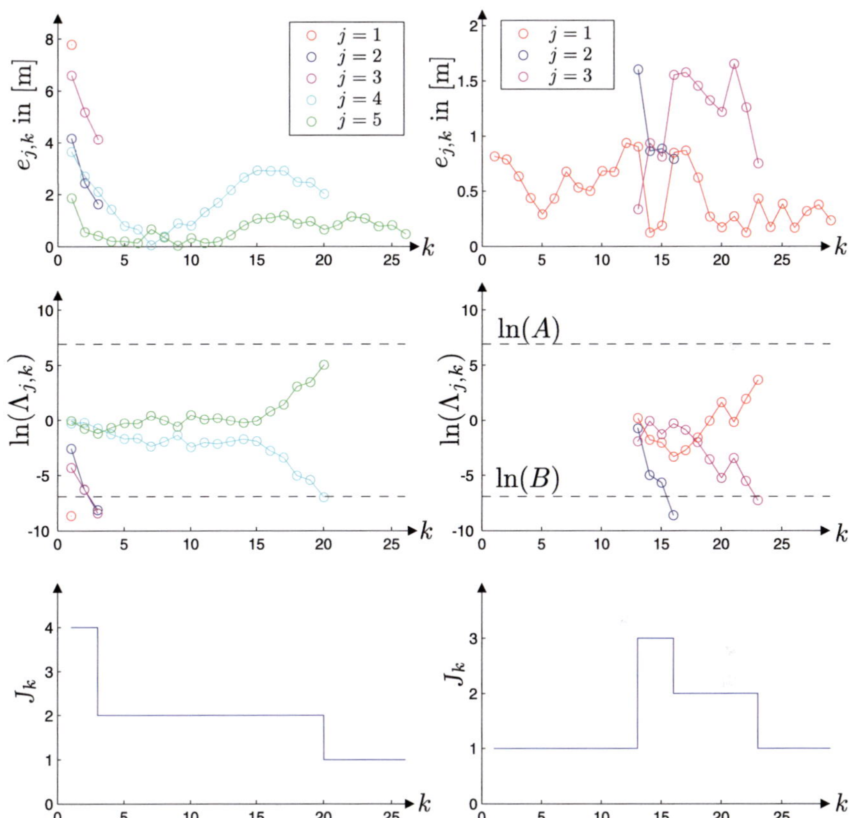

Bild 5.3: Spaltenweise Ergebnisse der beiden Szenarien: In der ersten Zeile sind die Positionsfehler $e_{j,k} = \|\mathbf{p}_k - \hat{\mathbf{p}}_{f,j,k|k}\|$ aller Hypothesen und in der zweiten Zeile ist die logarithmierte Testgröße $\ln(\Lambda_{j,k})$ des SLQT inklusive der logarithmierten Entscheidungsgrenzen $\ln(A)$ und $\ln(B)$ dargestellt. In der dritten Spalte ist der Verlauf der Anzahl J_k konkurrierender Hypothesen zu sehen.

σ_p in [m]	Anzahl Beobachtungen $\mu \pm \sigma$ A=0,001, B=999	Fehler in %	Anzahl Beobachtungen $\mu \pm \sigma$ A=0,0001, B=9999	Fehler in %
0,0	$19,01 \pm 1.03$	0	$19,82 \pm 1,03$	0
0,5	$20,53 \pm 1,51$	1	$21,69 \pm 1,58$	1
1,0	$22,78 \pm 2,87$	6	$25,41 \pm 3,97$	4
1,5	$25,84 \pm 6,91$	24	$30,14 \pm 7,64$	11
2,0	$29,10 \pm 12,79$	27	$31,45 \pm 11,18$	22

Tabelle 5.2: Ergebnisse des SLQT für das zweiten Szenario

Das entwickelte Verfahren zeigt mit synthetischen Daten sehr gute Ergebnisse. Durch die Festlegung des Konfidenzintervalls ist es möglich, den Test individuell an reale Szenarien anzupassen, wodurch insgesamt eine konsistente Schätzung, insbesondere der Karte, auch über längere Zeiträume sichergestellt wird.

5.4.2 Erstellung des Kurvenatlas

Für Szenarien, in denen sowohl die Topologie als auch die Geometrie des Trassennetzes unbekannt sind, ermöglicht das Verfahren die Erstellung des Kurvenatlas von Grund auf. Simultan erfolgt die Fahrzeuglokalisierung. Prinzipiell ist das Fahrzeug zu jedem Zeitpunkt entweder in einer Verbesserungs- oder in einer Erkundungsphase:

- In der **Verbesserungsphase** befindet sich das Fahrzeug auf einer Trasse, die in der Vergangenheit kartiert wurde, und verbessert die bestehende Karte dieser Trasse. Da die Netztopologie nicht gegeben ist, besteht die Möglichkeit, dass das Fahrzeug diese bekannte Trasse auf einer unbekannten Trasse verlässt. Aus dem Grund wird regelmäßig eine Existenzhypothese einer bisher nicht kartierten Trasse in die Hypothesenmenge aufgenommen und mit dem MHF aktualisiert. Bestätigt der SLQT die Existenz der zusätzlichen Trasse, wird sie in den Kurvenatlas aufgenommen und die Atlastopologie wird entsprechend ergänzt. Das Fahrzeug wechselt in die Erkundungsphase.

- In der **Erkundungsphase** kartiert das Fahrzeug eine Trasse, die in der Vergangenheit nicht kartiert wurde, und erstellt erstmalig einen Kartenausschnitt dieser Umgebung. Da die Netztopologie unbekannt ist, besteht zu jedem Zeitpunkt die Möglichkeit, dass das Fahrzeug in den kartierten Bereich zurückkehrt (in engl. *loop closure* [Thrun u. a. 2005]). Um dieses Ereignis zu detektieren, werden in der Umgebung der geschätzten Fahrzeugkoordinaten alternative Fahrzeughypothesen in existierenden Kartenausschnitten initialisiert. Bestätigt der SLQT eine dieser Hypothesen, wird die Atlastopologie erweitert und das Fahrzeug wechselt in die Verbesserungsphase.

In Bild 5.4 und Bild 5.5 sind exemplarisch die Ergebnisse der Kartierung jeweils einer Verzweigung dargestellt. Die Netztopologie wird auf Grundlage der neu entdeckten Verzweigung erweitert und mit jeder Erweiterung vollständiger. Die Entscheidung des SLQT basiert auf der Auswertung der Likelihood-Funktionen (5.16) und (5.17), deren Werte von der Kovarianz

$$\mathbf{S}_{j,k} = \mathbf{H}_{j,k} \mathbf{\Sigma}_{j,k} \mathbf{H}_{j,k}^{\mathrm{T}} + \mathbf{\Sigma}_{\mathbf{v},k} \tag{5.19}$$

entsprechend Gleichung (5.11) abhängen. Diese ist ein Maß für die Unsicherheit der Vorhersage der k-ten Beobachtung durch die j-te Hypothese. Befindet sich die j-te Fahrzeughypothese auf einer Trasse, die in der Vergangenheit bereits kartiert wurde, ist die Unsicherheit geringer, verglichen mit einer Fahrzeughypothese auf einer Trasse, die erstmals kartiert wird. Für kleine (oder sogar verschwindende) Messresiduen bewertet der SLQT deshalb die Fahrzeughypothese innerhalb der bestehenden Karte höher. Umgekehrt bevorzugt der SLQT für ansteigende Messresiduen eine Hypothese in einem neuen Kartenausschnitt, da die vorhandene Karte die Beobachtungen nicht erklären kann.

5.5 Zusammenfassung

Das vorliegende Kapitel beschreibt ein Verfahren zur globalen Lokalisierung und Kartierung spurgeführter Systeme. Ausgangspunkt sind Situationen, in denen die Fahrzeugposition nicht ausreichend genau durch eine unimodale Gauß-Verteilung charakterisiert werden kann. Stattdessen wird das System vollständig durch Hypothesen über den Systemzustand beschrieben. Basierend auf dieser Hypothesenmenge kann die kartesische Fahrzeugposition näherungsweise als Gauß'sche Mischverteilung dargestellt werden, in der jedem Element der Menge ein Summand zugeordnet wird. Diese Darstellung ermöglicht die Visualisierung der Hypothesen und darüber hinaus die gezielte Initialisierung der einzelnen Zustandshypothesen durch Approximation beliebiger a priori Verteilungen der Fahrzeugposition durch die Gauß'sche Mischverteilung.

Aufbauend auf dieser Systembeschreibung kann eine Strategie zur schritthaltenden Aktualisierung der Menge an Zustandshypothesen erfolgreich realisiert werden.

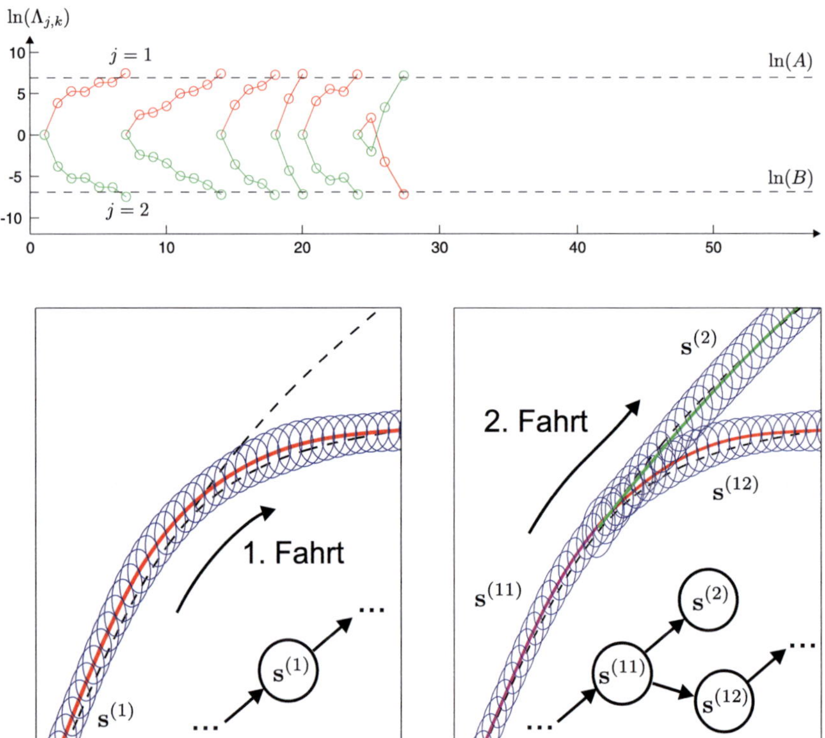

Bild 5.4: Ergebnis der Kartierung einer Verzweigung nach der 1. Fahrt (links unten) und nach der 2. Fahrt (rechts unten) in $\mathbb{R}^2$: Während der 2. Fahrt befindet sich das Fahrzeug zunächst auf $\mathbf{s}^{(1)}$ und der geschätzte Verlauf dieser Kurve wird verbessert. Zusätzlich zu dieser $j = 1$-ten Hypothese auf $\mathbf{s}^{(1)}$ wird regelmäßig eine $j = 2$-te Hypothese auf einer zusätzlichen Kurve $\mathbf{s}^{(2)}$ initialisiert, aktualisiert und geprüft. Die zeitliche Entwicklung von $\ln(\Lambda_{j,k})$ ist für beide Hypothesen in der oberen Zeile dargestellt. Solange das Fahrzeug sich entlang der bekannten Trasse bewegt, setzt sich die $j = 1$-te Hypothese immer wieder durch und die $j = 2$-te Hypothese wird vom SLQT verworfen. Sie wird erst bestätigt, nachdem das Fahrzeug an der Verzweigung in die unbekannte Trasse abgebogen ist. Nach erfolgter Detektion der Verzweigung wird der Kurvenatlas um die entdeckte Kurve $\mathbf{s}^{(2)}$ erweitert. Außerdem wird $\mathbf{s}^{(1)}$ in $\mathbf{s}^{(11)}$ und $\mathbf{s}^{(12)}$ aufgeteilt.

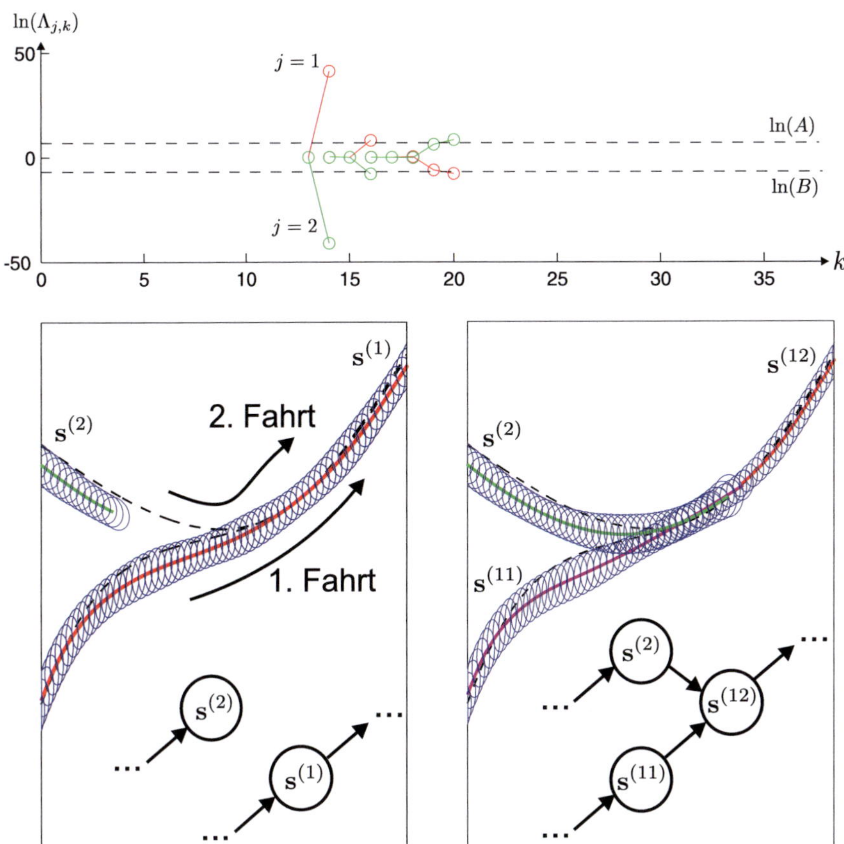

Bild 5.5: Ergebnis der Kartierung einer Verzweigung während der 2. Fahrt (links unten) und nach der 2. Fahrt (rechts unten) in der Ebene: Während der 2. Fahrt erkundet das Fahrzeug die unbekannte Trasse und erstellt die Kurve $s^{(2)}$. Die $j = 1$-te Hypothese befindet sich also auf $s^{(2)}$. Um zu erkennen, wann das Fahrzeug auf $s^{(1)}$ zurückkehrt, wird regelmäßig eine $j = 2$-te Hypothesen auf $s^{(1)}$ initialisiert, aktualisiert und geprüft. Sobald das Fahrzeug die Verzweigung passiert hat, bestätigt der SLQT diese $j = 2$-te Hypothese. Der zeitlich Verlauf von $\ln(\Lambda_{j,k})$ ist in der oberen Zeile dargestellt. Die Kurve $s^{(1)}$ wird in $s^{(11)}$ und $s^{(12)}$ aufgeteilt und die Atlastopologie angepasst.

Diese basiert auf einer Erweiterung der in Kapitel 4 vorgeschlagenen Schätzung des Systemzustands mit einem EKF und realisiert die Verfolgung der Elemente der Hypothesenmenge mit einem MHF. Ergänzend erfolgt die Bewertung einzelner Hypothesen mit einem SLQT. Die Zustandshypothesen, die Beobachtungen zufriedenstellend erklären können, werden weiter verfolgt, während alle anderen Hypothesen systematisch verworfen werden. Erst wenn die richtige Hypothese gefunden wird, wird eine Aktualisierung des zentralen Kurvenatlas vorgenommen. Langfristig konsistente Schätzungen der Karte können auf diese Weise gewährleistet werden. Die größtmögliche Aktualität der zentralen Kartierung bei wählbarer Fehlerrate ist durch den SLQT sichergestellt. Das Verfahren ermöglicht sowohl die globale Lokalisierung in einem gegeben Atlas als auch die Erstellung eines Kurvenatlas von Grund auf.

6 Experimentelle Ergebnisse

Dieses Kapitel demonstriert die Leistungsfähigkeit der entwickelten Lokalisierungs- und Kartierungsverfahren. Die Experimente fanden mit Unterstützung des Karlsruher Verkehrsverbunds (KVV) statt. Als Versuchsfahrzeug stand ein 6-achsiger Stadtbahnwagen vom Typ GT6-80C zur Verfügung, der bereits für die Langzeiterprobung eines bordautonomen Lokalisierungssystems im Rahmen des Projektes DemoOrt [Beisel u. a. 2009] vom Institut für Mess- und Regelungstechnik genutzt wurde (siehe Bild 6.1). Das Fahrzeug hat eine Höchstgeschwindigkeit von 80 km/h und erreicht eine maximale Beschleunigung von 1,2 m/s^2 beim Bremsen.

Anhand von zwei Anwendungsbeispielen werden die entwickelten Modelle und Schätzer untersucht: In Kapitel 6.1 wird die Kartierung des Gleisnetzes der Straßenbahnen in der Karlsruher Innenstadt beschrieben. Da kein Vorwissen über Topologie und Geometrie zur Verfügung steht, erfolgt die Kartierung von Grund auf. Die qualitative Bewertung der Ergebnisse wird durch den Vergleich der Karte mit Luftbildern realisiert. Kapitel 6.2 behandelt die Lokalisierung und Kartierung der

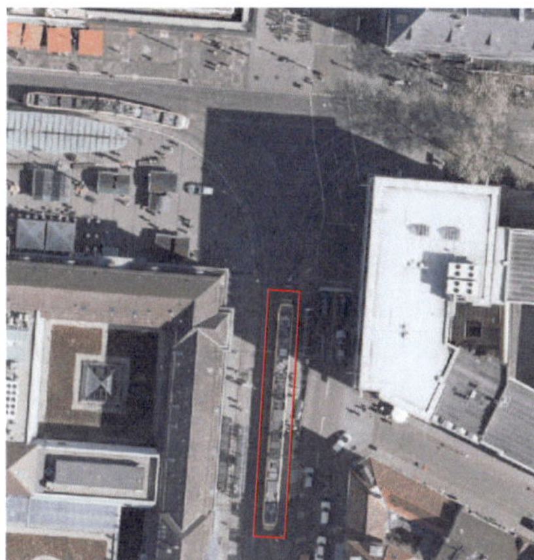

Bild 6.1: Stadtbahnwagen des KVV im Nordschwarzwald und in der Innenstadt von Karlsruhe. Quelle: KVV

Eisenbahnstrecke im Albtal südlich von Karlsruhe. Auf Basis einer Referenzkarte und vorab gezeichneter Fahrten, bei denen der Fahrweg durch das Trassennetz bekannt ist, wird die erreichte Genauigkeit quantitativ untersucht und bewertet.

6.1 Lokalisierung und Kartierung eines Straßenbahnnetzes

Ziel des Experiments ist die Lokalisierung und Kartierung des KVV-Gleisnetzes in der Karlsruher Innenstadt ausgehend von den Messungen eines integrierten Navigationssystems [Wendel 2007]. Zu Beginn des Experiments steht keinerlei Vorwissen über die Topologie des Netzes und über die Geometrie einzelner Trassen zur Verfügung und eine Karte wird von Grund auf erstellt.

6.1.1 Versuchsaufbau

Ein integriertes Navigationssystem ist im Schwerpunkt des Versuchsfahrzeugs montiert. Es bestimmt durch Fusion der Ausgangsgrößen eines GPS-Empfängers und eines inertialen Messsystems eine langzeitgenaue Navigationslösung aus Position, Geschwindigkeit und Lage. Obwohl integrierte Navigationssysteme ursprünglich in der Luft- und Raumfahrt verwendet wurden [Bar-Shalom u. a. 2001], ist ihr Einsatz heute auch im Boden gebundenen Verkehr durchaus üblich, wenn eine präzise Kenntnis der Fahrzeugzustände unabdingbar ist. Beispielsweise im Automobilbereich werden zur Realisierung moderner Assistenzfunktionen oder zum autonomen Fahren in der Regel hochgenaue Positions- und Lageinformationen benötigt [Skog u. Händel 2009]. Auch im Bereich der Schienenverkehrssysteme sind vielversprechende Erfahrungen vorhanden: So werden in [Böhringer 2008] drei unterschiedliche Ansätze zur Fusion von GPS-Positionen und inertialen Beobachtungen miteinander verglichen. Neben dem integrierten Navigationssystem wird die Fahrzeugbewegung in einem zweiten Ansatz in einem polaren Koordinatensystem modelliert und mit einem EKF aktualisiert. Eine dritte Strategie basiert auf einem IMM-Schätzer, der zwischen zwei kartesischen Beschreibungen umschaltet. Insgesamt ist das integrierte Navigationssystem den konkurrierenden Ansätzen im direkten Vergleich überlegen und wird auch im Rahmen dieser Arbeit verwendet.

Die Kernidee eines integrierten Navigationssystems besteht in der Kombination verschiedener Navigationssensoren, die sich idealerweise vorteilhaft ergänzen. Häufig anzutreffen ist beispielsweise die Stabilisierung eines inertialen Navigationssystems mit GPS, da sich diese Informationsquellen, aufgrund ihrer komplementären Eigenschaften, sehr gut ergänzen. Moderne, inertiale Navigationssysteme bestehen aus jeweils drei, orthogonal angeordneten und fest am Fahrzeug montierten Beschleunigungs- und Drehratensensoren. Mit Hilfe der Drehratensensoren wird die Fahrzeuglage ermittelt. Bei Kenntnis der Lage ist die Transformation der Beschleunigungen in raumfeste Koordinaten möglich. Der letzte Schritt dieser Strap-Down-Systeme ist schließlich die Berechnung der Fahrzeuggeschwindigkeit und -position durch Integration der transformierten Beschleunigungen. Insgesamt liefert ein inertiales Navigationssystem zwar jederzeit eine vollständige Navigationslösung, jedoch wachsen Abweichungen der Navigationslösung auch bei korrekter Initialisierung im Allgemeinen aufgrund der notwendigen Integrationen mit der Zeit an. Dieses Anwachsen wird durch Kombination mit einem GPS-Empfänger verhindert. Dieser liefert langzeitgenaue Positions- und Geschwindigkeitsinformationen. Einen Überblick über gängige Systemarchitekturen geben [Titterton u. Weston 2004] und [Grewal u. a. 2007].

Die vom integrierten Navigationssystem ermittelten Positionen liegen in einem weltweit gültigen Bezugskoordinatensystem, dem World Geodetic System 1984 (WGS 84), vor. Die Transformation in das zweidimensionale kartesische UTM-Koordinatensystem (von engl. *Universal Transverse Mercator*) erfolgt auf Basis der transversalen Mercator-Projektion, deren Verwendung in der Landvermessung üblich ist. Einen umfangreichen Überblick über die Materie gibt [Farrell u. Barth 1999].

6.1.2 Ergebnisse der Kartierung

Das spurgeführte System aus Fahrzeug und Trasse wird über eine Menge konkurrierender Zustandshypothesen beschrieben. Entsprechend dem in Kapitel 5 vorgestellten Verfahren werden die Hypothesen mit einem MHF verfolgt und die Hypothesenanzahl wird mit einem SLQT angepasst. Sobald das System eindeutig durch eine einzige Hypothese beschrieben werden kann, erfolgt die Aktualisierung des Kurvenatlas im Rahmen der zentralen Kartierung. Durch den Vergleich des erstellten Kurvenatlas mit georeferenzierten Luftbildern der Innenstadt wird eine qualitative Bewertung der Ergebnisse ermöglicht.

In Bild 6.2 und Bild 6.3 sind exemplarisch Ergebnisse der Kartierung dargestellt. Mit einer Bogenlänge von $d = 20\,\mathrm{m}$ zwischen benachbarten Stützstellen werden die Gleisgeometrien auch im Bereich kleiner Kurvenradien in der Innenstadt exakt beschrieben. Das Verfahren ist darüber hinaus in der Lage, die Topologie komplexer Kreuzungen zu bestimmen, sofern sämtliche Fahrwege zumindest einmal genutzt werden. Obwohl kein Vorwissen über Topologie und Geometrie des Gleisnetzes verfügbar ist, liefern die entworfenen Algorithmen schritthaltend einen Kurvenatlas, der das befahrene Gebiet beschreibt. Auf dessen Grundlage ist eine präzise Lokalisierung der Fahrzeuge jederzeit möglich. Die Ergebnisse sind sehr vielversprechend, eine quantitative Bewertung der erreichten Genauigkeit steht jedoch noch aus. Diese erfolgt im Rahmen des folgenden Experiments.

## 6.2	Lokalisierung und Kartierung einer Eisenbahnstrecke

Ziel des Experiments ist die Lokalisierung und Kartierung der Albtalbahn südlich von Karlsruhe auf Grundlage der Messungen eines integrierten Navigationssystems und der Signale eines Wirbelstromsensorsystems. Zu Beginn des Experiments ist die Topologie des Gleisnetzes bekannt. Die Schätzung der unbekannten Trassengeometrie basiert auf dem in Kapitel 2 vorgeschlagenen Umgebungsmodell. Sie erfolgt in zwei Phasen:

1. In der ersten Phase werden die Fahrzeugtrassen des Gleisnetzes initial kartiert. In Abhängigkeit der individuellen Trassenform wird die Stützstellenanzahl jedes Kartenausschnitts mit der in Kapitel 3 entwickelten Bayes'schen Kartierung automatisiert bestimmt. Das Verfahren liefert darüber hinaus eine Schätzung der Modellparameter.

2. In der zweiten Kartierungsphase erfolgt die Aktualisierung der Karte, schritthaltend mit dem Eintreffen von Beobachtungen. Basierend auf der in Kapitel 4 und Kapitel 5 entworfenen Methodik wird die Karte dabei simultan zur Lokalisierung des Fahrzeugs verwendet.

Der weitere Kapitelaufbau orientiert sich an dieser zweistufigen Strategie. Die erreichte Genauigkeit der Kartierung wird durch Vergleich der erstellten Karte mit einer hochgenauen Referenzkarte der Albtalbahn [Böhringer u. Geistler 2006] ermöglicht. Um die Ergebnisse der Lokalisierung zu beurteilen, werden darüber hinaus Beobachtungssequenzen verwendet, bei denen der Fahrweg durch das verzweigte Trassennetz bekannt ist. Zunächst wird der erweiterte Versuchsaufbau beschrieben.

### 6.2.1	Erweiterter Versuchsaufbau

Auf Eisenbahnstrecken mit offenem Gleiskörper stehen neben den Messwerten des integrierten Navigationssystems die Signale des Wirbelstromsensor-

Bild 6.2: Ergebnisse der Kartierung: In der oberen Zeile sind die Karten dargestellt, nachdem der Versuchsträger 7178 m und 53473 m in der Karlsruher Innenstadt zurückgelegt hat. In der unteren Zeile sind Detailansichten für das Gleisnetz
in Daxlanden (Detail A1) und die Haltestelle Haus Bethlehem (Detail A2) in der
Nordstadt zu sehen.

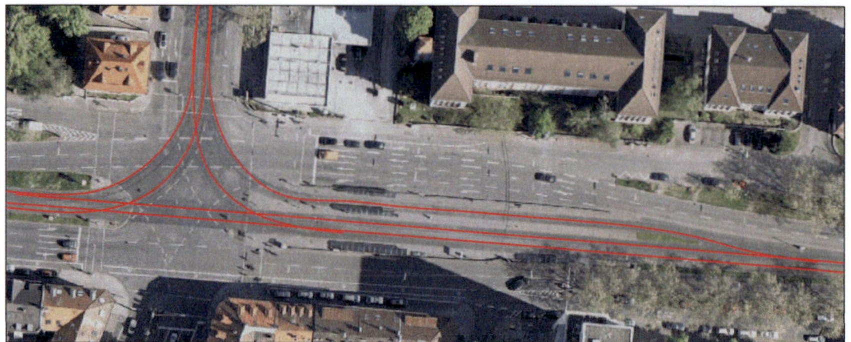

Bild 6.3: Ergebnis der Kartierung des Gleisnetzes an der Straßenbahnhaltestelle Yorkstraße (Detail A3 in Bild 6.2) in der Karlsruher Innenstadt

systems (WSS) zur Verfügung. Das WSS wurde am Institut für Mess- und Regelungstechnik zur berührungslosen und schlupffreien Geschwindigkeitsmessung von Schienenfahrzeugen entwickelt [Engelberg 2001]. Im Rahmen des Projekts DemoOrt [Beisel u. a. 2009] zeigten sich bei niedrigen Geschwindigkeiten Schwächen der ursprünglich vorgeschlagenen Methode, die jedoch durch zusätzliche Signalentzerrung überwunden werden konnten [Strauss u. a. 2009]. Neben der Geschwindigkeitsmessung ist es möglich, charakteristische Muster im Sensorsignal (wieder) zu erkennen, die beispielsweise beim Überfahren einer Weiche entstehen, und daraus zusätzlich die Befahrrichtung der Weiche zu ermitteln [Geistler 2007]. Verbleibende Schwächen der ursprünglichen Methode konnten durch die Anwendung modellbasierter Ansätze und Verfahren aus dem Bereich des Maschinellen Lernens überwunden werden [Hensel 2011].

Die Bayes'sche Kartierung setzt die korrekte Zuordnung der Messungen des integrierten Navigationssystems zu den einzelnen Kartenausschnitten des Kurvenatlas voraus. Die Lösung dieses Zuordnungsproblems kann durch die Erkennung von Weichen im Signal des WSS [Hensel u. Hasberg 2008] oder in Kamerabildern [Ross 2010] erfolgen. In [Hasberg u. Hensel 2010b] wird ein Verfahren vorgestellt, das anhand erkannter Weichen im Signal des WSS automatisiert die korrespondierende Abfolge von Kartenausschnitten bestimmt und somit das Zuordnungsproblem löst.

Darüber hinaus können die Ergebnisse des SLQT durch Verarbeitung der Klassifikationsergebnisse des WSS verbessert werden. Konnte die Befahrrichtung einer bestimmten Weiche klassifiziert werden, ist die Aufenthaltswahrscheinlichkeit des Fahrzeugs in verschiedenen Kartenausschnitten des Kurvenatlas unterschiedlich.

	Anzahl Stützstellen M $\mu \pm \sigma$	Bogenlänge $L_{i,i+1}$ in [m] $\mu \pm \sigma$
Etzenrot - Fischweier	$43{,}52 \pm 3{,}37$	$65{,}12 \pm 4{,}77$
Fischweier - Marxzell	$35{,}86 \pm 2{,}53$	$72{,}46 \pm 4{,}65$
Marxzell - Frauenalb	$44{,}72 \pm 4{,}72$	$64{,}87 \pm 6{,}87$
Frauenalb - Herrenalb	$46{,}44 \pm 0{,}73$	$82{,}54 \pm 1{,}27$

Tabelle 6.1: Ergebnisse der Modellwahl im Rahmen der initialen Kartierung für 4 Trassen und jeweils 10 unterschiedliche Datensätze je Trasse: Sowohl die Stützstellenanzahl M als auch die Bogenlänge $L_{i,i+1}$ zwischen benachbarten Stützstellen $\mathbf{p}_i$ und $\mathbf{p}_{i+1}$ streuen nur wenig um den Mittelwert.

Entsprechend dem Quotienten dieser Wahrscheinlichkeiten werden die Testgrößen der einzelnen Hypothesen aktualisiert, sobald ein Klassifikationsergebnis vorliegt. Somit kann eine Stützung der simultanen Lokalisierung und Kartierung mit dem WSS realisiert werden.

6.2.2 Ergebnisse der Bayes'schen Kartierung

Um die Leistungsfähigkeit des entwickelten Verfahrens zu bewerten, wird der geschätzte geometrische Verlauf $\hat{s}(l)$ punktweise mit der Referenzkarte verglichen. Die berechneten lateralen Abweichungen sind in Bild 6.4 exemplarisch für 2 Trassen dargestellt. Um die Wiederholgenauigkeit der automatisierten Modellauswahl zu bewerten, werden die Ergebnisse der Auswahl für jeweils 10 Datensätze verglichen. Die Ergebnisse sind in Tabelle 6.1 zusammengefasst.

Insgesamt ermöglicht der automatisierte Modellvergleich eine ausgewogene Entscheidung über die Stützstellenanzahl M einzelner Trassen. Entsprechend der Anzahl M ergeben sich mittlere Bogenlängen zwischen benachbarten Stützstellen von 64 m bis 82 m. Die Streuung um die mittlere Bogenlänge ist bei Verwendung unterschiedlicher Datensätze kleiner als 7 m. Diese hohe Wiederholgenauigkeit belegt die Eignung der gewählten Strategie zum Modellvergleich, da die Dimension des ausgewählten Modells nur leicht, in Abhängigkeit vom vorliegenden Datensatz, variiert. Die resultierenden lateralen Positionsfehler sind bei einzelnen Datensätzen kleiner als 1,5 m. Das Modell ist somit in der Lage, die Geometrie der Fahrzeugtrasse mit einer hohen Präzision abzubilden. Im Anschluss an die Bayes'sche Kartierung wird die Geometrie der Trassen konsequent weiter aktualisiert. Vorhandene laterale Positionsfehler werden auf diese Weise verringert.

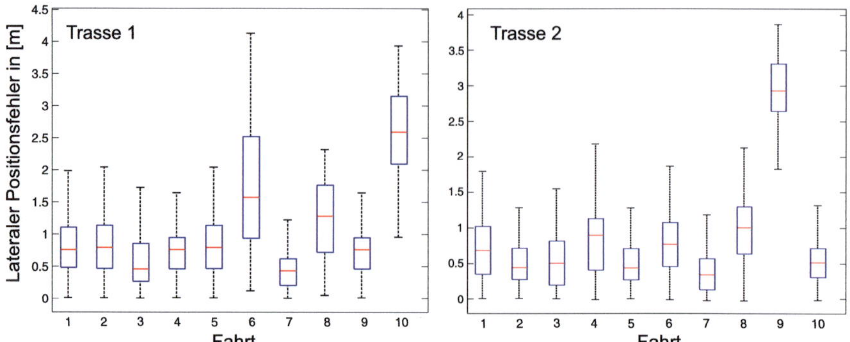

Bild 6.4: Kastengrafik [McGill u. a. 1978] der lateralen Abweichungen zwischen geschätzter Splinekurve und Referenzkarte für zwei Trassen (Trasse 1: Etzenrot - Fischweier, Trasse 2: Fischweier - Marxzell) und jeweils 10 Datensätze pro Trasse: Je nach Datensatz betragen die maximalen Abweichungen zwischen 1,5 m und 4,5 m.

6.2.3 Ergebnisse der simultanen Lokalisierung und Kartierung

Das Zusammenspiel zwischen SLQT und MHF ist für eine Fahrt durch den Bahnhof in Busenbach exemplarisch in Bild 6.5 für alle zum Zeitpunkt t_k formulierten Hypothesen $j = 1, \ldots, J_k$ zu sehen. Im betrachteten Zeitraum traversiert das Fahrzeug in kurzer Abfolge zwei Verzweigungen. Dabei wird jedes Mal der sequentielle Hypothesentest gestartet, um die Hypothesen miteinander zu vergleichen und die richtige Zustandshypothese zu finden. In beiden Fällen unterstützen die ersten Messungen nach Testbeginn zunächst die in blau dargestellte Hypothese. Erst nachdem eine ausreichende Anzahl Beobachtungen vorliegt, ändert sich die Gewichtung und schließlich wird in beiden Tests eine korrekte Entscheidung für die in rot abgebildete Hypothese getroffen. Lediglich diese Zustandshypothese wird weiter verfolgt. Um die Eigenschaften des sequentiellen Hypothesetests zu untersuchen, wird anhand gekennzeichneter Fahrten durch verzweigte Abschnitte die Häufigkeit von Fehlern untersucht. Zusätzlich wird die notwendige Anzahl an Beobachtungen bestimmt, bis der Hypothesentest konvergiert. Es werden jeweils 24 Fahrten durch 5 Bahnhöfe des Albtals untersucht. Die Ergebnisse sind in Tabelle 6.2 zu sehen.

Verglichen mit Verzweigungen in der Innenstadt sind die Geometrien in den betrachteten Bahnhöfen im Albtal deutlich anspruchsvoller, da sich an die Verzweigung in der Regel parallele Trassen anschließen, die eine Unterscheidbarkeit er-

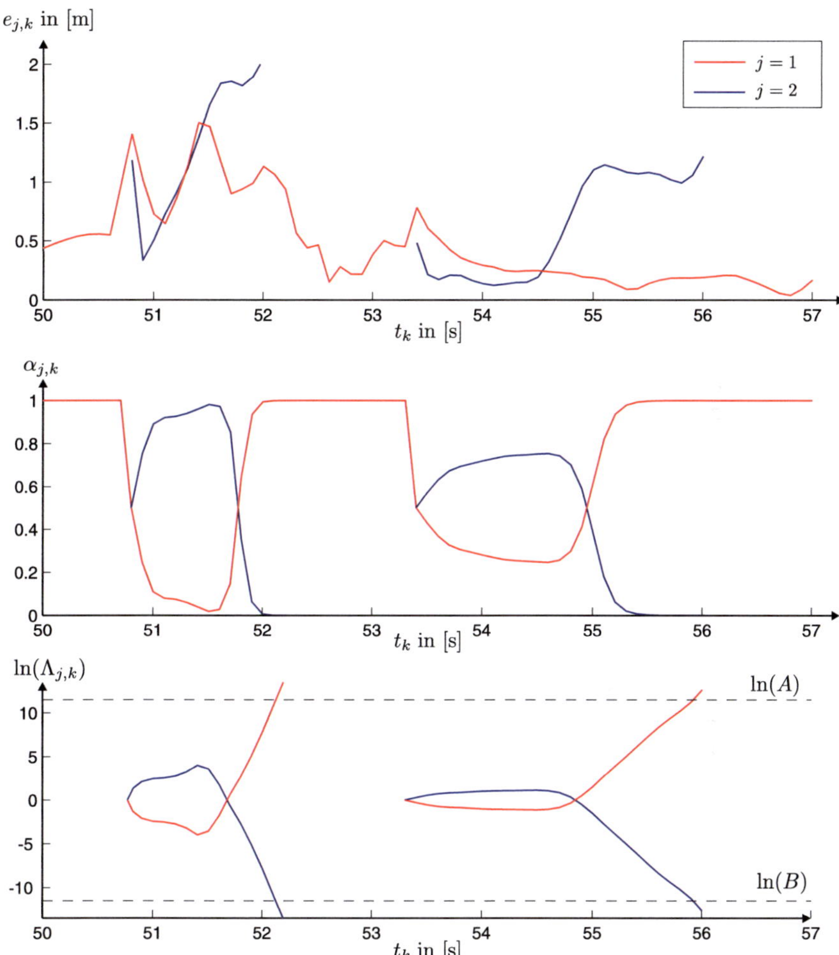

Bild 6.5: Ergebnisse des SLQT bei einer Fahrt durch den Bahnhof Busenbach: Zu sehen sind die Abweichung $e_{j,k}$ zwischen geschätzter und gemessener Fahrzeugposition, die Verläufe der Wahrscheinlichkeiten $\alpha_{j,k}$ der Zustandshypothesen und der Logarithmus der Testgrößen $\Lambda_{j,k}$ sowie der Entscheidungsgrenzen A und B.

Bahnhof	Ettlingen nach Herrenalb Anzahl Beobachtungen $\mu \pm \sigma$	Herrenalb nach Ettlingen Anzahl Beobachtungen $\mu \pm \sigma$	Fehler
Busenbach	$18{,}67 \pm 1{,}748$	$40{,}00 \pm 12{,}93$	0/24
Etzenrot	$26{,}42 \pm 12{,}26$	$36{,}14 \pm 13{,}49$	1/24
Fischweier	$17{,}31 \pm 12{,}80$	$30{,}92 \pm 11{,}81$	0/24
Marxzell	$50{,}17 \pm 18{,}82$	$53{,}06 \pm 20{,}84$	1/24
Frauenalb	$36{,}93 \pm 12{,}07$	$33{,}15 \pm 19{,}55$	1/24

Tabelle 6.2: Ergebnisse des SLQT für 24 Fahrten pro Bahnhof

schweren. Trotzdem kommt es lediglich in 3 von 120 untersuchten Bahnhofsdurchfahrten zu Fehlentscheidungen mit der Konsequenz einer fehlerhaften Aktualisierung der zentralen Karte. Aufgrund der geringen Häufigkeit toleriert das Verfahren diese Fehler und der Einfluss auf die erstellte Karte ist vernachlässigbar klein. In insgesamt 4 Durchfahrten konnte keine Entscheidung getroffen werden. In diesen als korrekt gewerteten Fällen fand keine zentrale Kartierung statt.

Um die Genauigkeit der Kartierung zu bewerten, werden exemplarisch drei Kartenausschnitte ausgewählt. Für diese Ausschnitte werden die Abweichungen zwischen der geschätzten Karte und der Referenzkarte vor und nach aufeinander folgenden Fahrten bestimmt. Die Ergebnisse sind in Bild 6.6 zu sehen.

Da die Trassen in einer dicht bewaldeten Region liegen, variiert die Qualität der Navigationslösung in Abhängigkeit der Sichtbarkeit der GPS-Satelliten. Trotzdem konvergiert die erstellte Karte gegen den realen Trassenverlauf und die mittleren Abweichungen sind nach 10 Fahrten im Bereich von 0,5 m. Bei einem vorgeschriebenen Mindestgleisabstand von 3,8 m bei Stadtschnellbahnen [EBO] ist mit der erreichten Genauigkeit eine Unterscheidbarkeit paralleler Gleise gewährleistet. Bereits nach 3-4 Fahrten ist die endgültige Genauigkeit der Karte näherungsweise erreicht und weitere Fahrten steigern die Genauigkeit nur noch minimal.

Um die Genauigkeit der geschätzten, kartesischen Fahrzeugposition zu beurteilen, wird die Positionsabweichung zwischen geschätzter und gemessener Position

$$e_k = \|\hat{\mathbf{p}}_k - \hat{\mathbf{s}}_{k|k}(\hat{b}_{k|k})\| \tag{6.1}$$

zu jedem Zeitpunkt t_k, während jeder Fahrt durch die ausgewählten Kartenausschnitte berechnet. Die Ergebnisse des Vergleichs sind für zwei unterschiedliche Kartenausschnitte in Bild 6.7 dargestellt. Während der Fahrten folgt die geschätzte

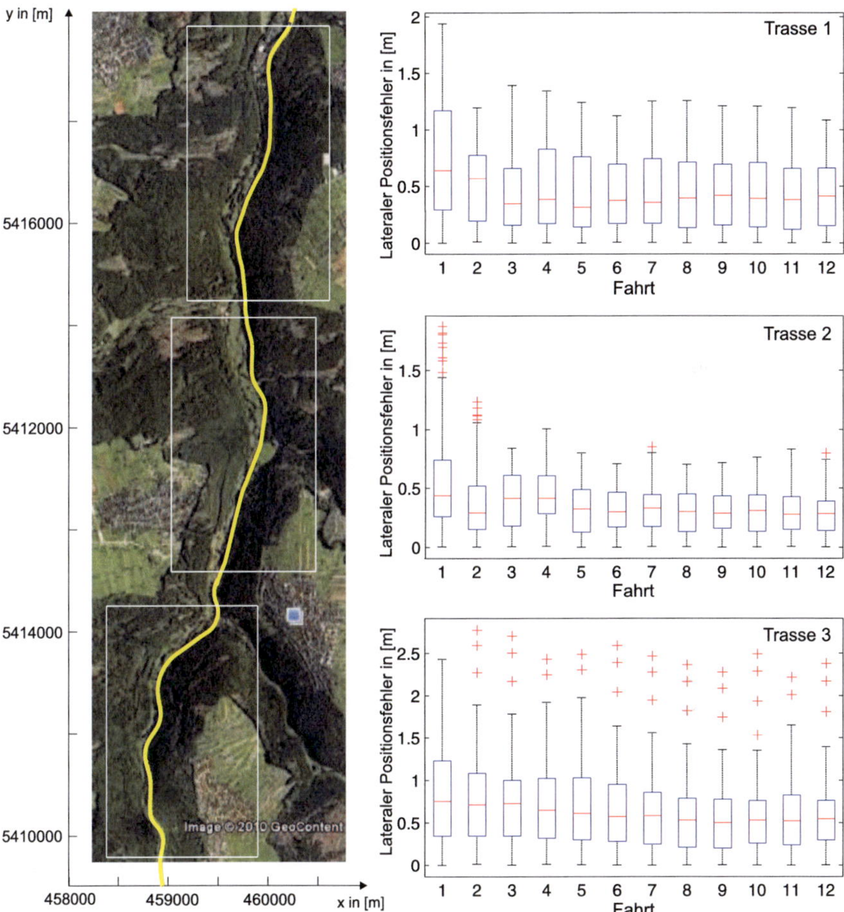

Bild 6.6: Ergebnis der Kartierung für drei Trassen im Albtal: Links sind die drei untersuchten Kartenausschnitte zu sehen. In der zweiten Spalte ist die Entwicklung der lateralen Abweichungen zwischen Referenzkarte und Schätzung abgebildet.

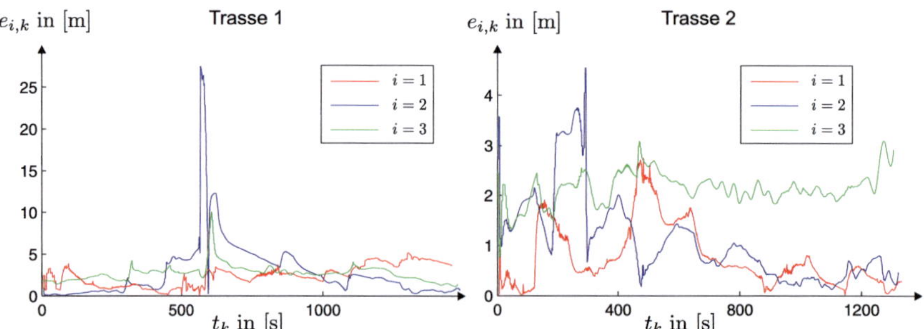

Bild 6.7: Ergebnisse der Lokalisierung für zwei Trassen und jeweils drei Fahrten pro Trasse

Position der Positionsmessung und die resultierende Abweichung ist in der Regel kleiner als 5 m. Vereinzelt kommt es zu Abweichungen von über 20 m, die mit dem Funktionsprinzip des integrierten Navigationssystems erklärt werden können: In Zeitintervallen, in denen keine absoluten GPS-Positionsmessungen zur Verfügung stehen, nimmt die Positionsabweichung mit der Zeit häufig immer weiter zu. Ist in diesem Intervall die geschätzte Karte der Trasse aus vorangegangenen Fahrten bereits mit einer geringen Unsicherheit bekannt, kommt es zu bemerkenswert großen Abweichungen, wie beispielsweise in Trasse 1 bei der $i = 2$-ten Fahrt. Offensichtlich ist die geschätzte Position in dem betroffenen Zeitintervall deutlich genauer als die Messung.

7 Zusammenfassung

Die vorliegende Arbeit beschreibt ein Verfahren zur simultanen Lokalisierung und Kartierung spurgeführter Systeme. Grundlegend ist zunächst die Auswahl und Umsetzung einer kompakten Beschreibung der Fahrzeugumgebung in einem Kurvenatlas. Die Kartenausschnitte im Kurvenatlas fassen die Trassengeometrie mit ebenen, global kubischen Splinekurven zusammen. Diese erfüllen die Minimumeigenschaft und ermöglichen deshalb präzise Näherungen realer Verläufe. Die Genauigkeit der Modellierung und der Einfluss der Stützstellenanzahl auf die erreichte Genauigkeit werden quantitativ untersucht. Darüber hinaus wird eine Methode zur Umparametrisierung der Splinekurven vorgestellt, die eine näherungsweise Parametrisierung nach der Bogenlänge ermöglicht.

Die Schätzung der Trassengeometrie im Rahmen der Kartierung setzt eine lokal parametrische Darstellung der Splinekurve voraus. Die Herleitung dieser Beschreibung geht von der mehrstufigen Berechnungsvorschrift interpolierender Splinefunktionen aus. Die Stützstellen, die der Spline interpoliert, gehen linear in die Vorhersage des kontinuierlichen Verlaufs der Splinefunktion ein. Sie eignen sich deshalb hervorragend als Geometrie beschreibende Parameter und sind zudem anschaulich interpretierbar. Auf Basis der kompakten Darstellung von 1D-Splinefunktionen ist eine Erweiterung für 2D-Splinekurven möglich. Um geometrische Unsicherheit in der Darstellung zu berücksichtigen, werden die Stützstellen als gaußverteilte Zufallsvariable modelliert. Auf Grundlage der resultierenden stochastischen Modellierung werden sowohl der erwartete Verlauf der Trasse als auch die geometrische Unsicherheit jeder 2D-Trassenposition in Form einer Kovarianzmatrix kontinuierlich für jeden Wert des Kurvenparameters vorhergesagt.

Die simultane Lokalisierung und Kartierung setzt eine initiale Kartierung der einzelnen Kurven des Kurvenatlas voraus. Diese erfolgt für jede Kurve des Kurvenatlas separat. Sie umfasst zum einen die Bestimmung einer adäquaten Stützstellenanzahl der Modellkurve und zum anderen die Schätzung des Kurvenverlaufs auf Basis verrauschter Beobachtungen. Im Mittelpunkt der zweistufigen Bayes'schen Kartierung steht die Maximierung der Modellevidenz. Mit der vorgeschlagenen Strategie ist es möglich unterschiedlichste Geometrien einzelner Trassen automatisiert zu initialisieren. Die Unsicherheiten werden dabei konsequent berücksichtigt und stehen für nachfolgende Verarbeitungsschritte zur Verfügung.

Neben der Karte stellt die Fahrzeugbewegung die zweite zentrale Komponente des Gesamtsystems dar. Für spurgeführte Fahrzeuge kann die Fahrzeugbewegung vollständig durch die momentane Bogenlängenposition und deren zeitliche Ableitung beschrieben werden. Diese 1D-Modellierung ist einer 2D-Beschreibung in kartesischen Koordinaten überlegen: Eine im Bezug zur Karte jederzeit widerspruchsfreie Fahrzeugposition ist gewährleistet und präzise Vorhersagen zukünftiger Fahrzeugpositionen sind ohne eine zusätzliche Karteneinpassung (engl. *map matching*) möglich. Um die Voraussetzung für eine simultane Lokalisierung und Kartierung zu schaffen, wird für den Systemzustand aus Fahrzeug und Karte ein zeitdiskretes stochastisches Zustandsraummodell aus System- und Beobachtungsmodell entworfen. Die Kartierung unbekannter Trassen basiert auf einer Erweiterung der klassischen Zustandsraumdarstellung um ein Extrapolationsmodell, mit dem die Geometrie der unbekannten Trasse auf Basis des Systemzustands räumlich extrapoliert wird.

Auf Basis des Zustandsraummodells wird die simultane Lokalisierung und Kartierung mit einem Bayes-Filter umgesetzt. Dazu wird die typische Abfolge aus zeitlicher Prädiktion und Innovation um die räumliche Prädiktion des Extrapolationsmodells erweitert, die konsequent in den Prädiktionsschritt integriert werden konnte. Die schritthaltende Verarbeitung der Beobachtungen wird mit dem Erweiterten Kalman-Filter realisiert. Der entwickelte Schätzer wurde in unterschiedlichen Referenzszenarien, zur Verbesserung fehlerhafter Karten und zur Erstellung von Karten unbekannter Trassen, erprobt und liefert vielversprechende Ergebnisse. Die vollständige Aktualisierung der Kovarianzmatrix des Systemzustands ist ein essentieller Bestandteil der Schätzung. Sie führt dazu, dass die Korrelationen zwischen den einzelnen Stützstellen der Splinekurve insgesamt zunehmen, während die Unsicherheit der geschätzten Karte monoton abnimmt. Es konnte gezeigt werden, dass das entwickelte Verfahren diese Eigenschaft erfüllt und konsistente Schätzungen liefert.

Zur Verfolgung der Fahrzeugposition im Trassennetz wird eine Systembeschreibung mit eine Menge konkurrierender Zustandshypothesen vorgeschlagen. Eine geeignete Transformation dieser Hypothesenmenge ermöglicht die näherungsweise Darstellung, beispielsweise der kartesischen Fahrzeugposition, als Gauß'sche Mischverteilung und liefert eine übersichtliche Visualisierung des Systemzustands. Die schritthaltende Aktualisierung erfolgt in jedem Zeitschritt in zwei Stufen: In der ersten Stufe werden die Zustandshypothesen mit einem Multi-Hypothesen-Filter basierend auf der entwickelten stochastischen Zustandsraummodellierung verfolgt. In einer zweiten Stufe erfolgt eine Reduktion der Hypothesenanzahl mit einem sequentiellen Likelihood-Quotienten-Test. Dieser sequentielle Hypothesentest entscheidet abhängig von den Messresiduen der Zustandshypothesen und einer vorgegebenen Fehlerrate über das Fortbestehen einzelner Hypothesen: Zustandshypothesen, die die Beobachtungen korrekt wiedergeben, werden verfolgt, während alle anderen Hypothesen so früh wie möglich verworfen werden. Um eine korrekte Aktualisierung des zentralen Kurvenatlas sicherzustellen, wird zwischen einer dezentralen und einer zentralen Kartierung unterschieden. Während die dezentrale Kartierung für alle Hypothesen in jedem Zeitschritt durchgeführt wird, erfolgt ein Ersetzen von Kartenauschnitten im Kurvenatlas erst, wenn die richtige Zustandshypothese gefunden werden konnte. Das Verfahren ermöglicht die globale Lokalisierung und die Erstellung des Kurvenatlas, wenn kein Vorwissen über die Topologie und die Geometrie des Trassennetzes verfügbar ist.

Die beschriebenen Verfahren wurden im Gleisnetz des Karlsruher Verkehrsverbundes mit dem Versuchsfahrzeug des Instituts für Mess- und Regelungstechnik erprobt. Sie liefern für Stadtbahn- und Eisenbahnstrecken in Übereinstimmung mit den durchgeführten Simulationen sehr gute Ergebnisse.

Obgleich das vorgestellte Verfahren zur Lokalisierung und Kartierung spurgeführter Systeme bereits sehr gute Ergebnisse erzielt, sind einige Verbesserungen und Erweiterungen aus heutiger Sicht denkbar:

- Um bordautonome Lokalisierungsverfahren in der Praxis anzuwenden, sind zusätzliche Tests in unterschiedlichen Szenarien nötig. Darüber hinaus könnten geometrische und topologische Veränderungen des Gleisnetzes, beispielsweise nach Umbauarbeiten, in der bisher als statisch angenommenen Umgebung durch eine zusätzliche Plausibilisierungsstufe erkannt und behandelt werden.

- Um die aus Sicherheitsgründen geforderte Verfügbarkeit der entwickelten Lokalisierung zu erhöhen, ist die Fusion mit zusätzlichen Messgrößen denkbar. Beispielsweise liefern Bildfolgen digitaler Kameras wertvolle Umgebungsinformationen und bieten ein vielfältiges Einsatzspektrum, beispielsweise zur Klassifikation von Weichenbefahrungen [Ross 2010].

- Im Vergleich zu der hier behandelten Klasse mechanisch spurgeführter Systeme, finden sich viele Gemeinsamkeiten zu Automobilen, die sich entlang von Fahrstreifen bewegen. Eine Reihe von Arbeiten beschäftigt sich beispielsweise mit der Schätzung der Geometrie der Fahrstreifen (engl. *lane estimation*) vor dem Fahrzeug auf der Basis von Kamerabildern. Einen umfangreichen Überblick über die Thematik gibt [McCall u. Trivedi 2006]. Die im Rahmen dieser Arbeit entwickelte Modellierung mit global kubischen Splines ist eine erfolgversprechende Alternative zu den heute häufig eingesetzten Klothoidenmodellen. Eine simultane Schätzung der Fahrzeugpose und der Fahrstreifengeometrie wäre ebenfalls denkbar.

A Anhang

A.1 Berechnung der Jacobi-Matrix

Für einige im Rahmen dieser Arbeit entwickelten Schätzer ist eine Linearisierung der zugrunde liegenden Systembeschreibung notwendig. Die lineare Näherung einer vektorwertigen Funktion eines Vektors erfolgt mit Hilfe der Jacobi-Matrix: Sei $\mathbf{f}(\mathbf{x}) = (f_1(\mathbf{x}), \ldots, f_m(\mathbf{x}))^{\mathrm{T}}$ mit $\mathbf{x} = (\mathbf{x}_1, \ldots, \mathbf{x}_n)^{\mathrm{T}}$ eine im Punkt $\mathbf{x}_0$ differenzierbare Funktion, so ist die Jacobi-Matrix am Punkt $\mathbf{x}_0$ durch

$$\mathbf{F}_{\mathbf{x}_0} = \left. \frac{\partial \mathbf{f}(\mathbf{x})}{\partial \mathbf{x}} \right|_{\mathbf{x}_0} = \left. \begin{bmatrix} \frac{\partial f_1(\mathbf{x})}{\partial x_1} & \cdots & \frac{\partial f_1(\mathbf{x})}{\partial x_n} \\ \vdots & \ddots & \vdots \\ \frac{\partial f_m(\mathbf{x})}{\partial x_1} & \cdots & \frac{\partial f_m(\mathbf{x})}{\partial x_n} \end{bmatrix} \right|_{\mathbf{x}_0} \tag{A.1}$$

gegeben. Mit Hilfe der Jacobi-Matrix kann nun die Taylor-Approximation erster Ordnung der Funktion $\mathbf{f}(\mathbf{x})$ um einen Arbeitspunkt $\mathbf{x}_0$ angeben werden. Sie lautet

$$\mathbf{f}(\mathbf{x}) \approx \mathbf{f}(\mathbf{x}_0) + \mathbf{F}_{\mathbf{x}_0}(\mathbf{x} - \mathbf{x}_0). \tag{A.2}$$

A.2 Rechnen mit Gauß-Verteilungen

Ein Großteil der im Rahmen dieser Arbeit entwickelten Schätzverfahren basiert auf der Annahme einer Gauß-Verteilung der unbekannten Parameter $\mathbf{x}$. Neben dem zentralen Grenzwertsatz ist diese Annahme hauptsächlich durch die resultierende analytische Handhabbarkeit motiviert. Einige relevante Berechnungen beim Umgang mit Gauß-Verteilungen werden hier kurz zusammengefasst. Einen umfangreichen Überblick gibt z. B. [Bishop 2006]. Der Vektor $\mathbf{x} \in \mathbb{R}^d$ ist gaußverteilt. Die Wahrscheinlichkeitsdichte lautet

$$p(\mathbf{x}) = \frac{1}{(2\pi)^{d/2} \det(\boldsymbol{\Sigma})^{1/2}} \exp\left(-\frac{1}{2}(\mathbf{x} - \boldsymbol{\mu})^{\mathrm{T}} \boldsymbol{\Sigma}^{-1}(\mathbf{x} - \boldsymbol{\mu})\right). \tag{A.3}$$

Nun sei $\mathbf{x} = (\mathbf{x}_a^{\mathrm{T}}, \mathbf{x}_b^{\mathrm{T}})^{\mathrm{T}}$ und die korrespondierenden Momente der Verbunddichte $p(\mathbf{x}_a, \mathbf{x}_b)$ lauten entsprechend

$$\boldsymbol{\mu} = \begin{bmatrix} \boldsymbol{\mu}_a \\ \boldsymbol{\mu}_b \end{bmatrix} \quad \text{und} \quad \boldsymbol{\Sigma} = \begin{bmatrix} \boldsymbol{\Sigma}_{aa} & \boldsymbol{\Sigma}_{ab} \\ \boldsymbol{\Sigma}_{ba} & \boldsymbol{\Sigma}_{bb} \end{bmatrix}. \tag{A.4}$$

Ausgehend von der Verbundverteilung erfolgt die Bestimmung der Randverteilung (engl. *marginal distribution*) durch Auswertung des Integrals über $\mathbf{x}_b$ entsprechend

$$p(\mathbf{x}_a) = \int p(\mathbf{x}_a, \mathbf{x}_b) d\mathbf{x}_b. \tag{A.5}$$

Die gesuchte Randverteilung ist wieder gaußverteilt und die Wahrscheinlichkeitsdichte lautet

$$p(\mathbf{x}_a) = \mathcal{N}(\mathbf{x}_a | \boldsymbol{\mu}_a, \boldsymbol{\Sigma}_{aa}). \tag{A.6}$$

Die bedingte Wahrscheinlichkeitsverteilung (engl. *conditional distribution*) von $\mathbf{x}_a$ gegeben $\mathbf{x}_b$ ist ebenfalls gaußverteilt

$$p(\mathbf{x}_a | \mathbf{x}_b) = \mathcal{N}(\mathbf{x}_a | \boldsymbol{\mu}_{a|b}, \boldsymbol{\Sigma}_{a|b}), \tag{A.7}$$

wobei der Mittelwertvektor eine lineare Funktion von $\mathbf{x}_b$ ist. Er lautet

$$\boldsymbol{\mu}_{a|b} = \boldsymbol{\mu}_a + \boldsymbol{\Sigma}_{ab} \boldsymbol{\Sigma}_{bb}^{-1} (\mathbf{x}_b - \boldsymbol{\mu}_b). \tag{A.8}$$

Die Kovarianzmatrix ist unabhängig von $\mathbf{x}_b$ und entspricht dem Schur-Komplement[1] von $\boldsymbol{\Sigma}_{aa}$ in $\boldsymbol{\Sigma}$. Sie lautet

$$\boldsymbol{\Sigma}_{a|b} = (\boldsymbol{\Sigma}/\boldsymbol{\Sigma}_{aa}) = \boldsymbol{\Sigma}_{aa} - \boldsymbol{\Sigma}_{ab} \boldsymbol{\Sigma}_{bb}^{-1} \boldsymbol{\Sigma}_{ba}. \tag{A.11}$$

---

[1] Gegeben ist die Matrix $\mathbf{M}$ entsprechend

$$\mathbf{M} = \begin{bmatrix} \mathbf{M}_1 & \mathbf{M}_2 \\ \mathbf{M}_3 & \mathbf{M}_4 \end{bmatrix}. \tag{A.9}$$

Das Schur-Komplement [Zhang 2005] der Teilmatrix $\mathbf{M}_4$ in der Matrix $\mathbf{M}$, geschrieben $(\mathbf{M}/\mathbf{M}_4)$, lautet

$$(\mathbf{M}/\mathbf{M}_4) = \mathbf{M}_1 - \mathbf{M}_2 \mathbf{M}_4^{-1} \mathbf{M}_3. \tag{A.10}$$

Im weiteren Verlauf ist die Dichte der Randverteilung $p(\mathbf{x})$ und die Dichte der bedingten Verteilung $p(\mathbf{z}|\mathbf{x})$ gegeben. Der Mittelwertvektor von $p(\mathbf{z}|\mathbf{x})$ ist dabei eine lineare Funktion von $\mathbf{x}$ und die Kovarianzmatrix ist unabhängig von $\mathbf{x}$. Es gilt

$$p(\mathbf{x}) = \mathcal{N}(\mathbf{x}|\boldsymbol{\mu}_{\mathbf{x}}, \boldsymbol{\Sigma}_{\mathbf{x}}) \tag{A.12}$$

$$p(\mathbf{z}|\mathbf{x}) = \mathcal{N}(\mathbf{z}|\mathbf{A}\mathbf{x}, \boldsymbol{\Sigma}_{\mathbf{z}|\mathbf{x}}). \tag{A.13}$$

Die Dichte der Randverteilung von $\mathbf{z}$ ist schließlich durch

$$p(\mathbf{z}) = \mathcal{N}(\mathbf{z}|\mathbf{A}\boldsymbol{\mu}_{\mathbf{x}}, \boldsymbol{\Sigma}_{\mathbf{z}|\mathbf{x}} + \mathbf{A}\boldsymbol{\Sigma}_{\mathbf{x}}\mathbf{A}^{\mathrm{T}}) \tag{A.14}$$

gegeben. Weiterhin folgt die bedingte Dichte

$$p(\mathbf{x}|\mathbf{z}) = \mathcal{N}(\mathbf{x}|\boldsymbol{\mu}_{\mathbf{x}|\mathbf{z}}, \boldsymbol{\Sigma}_{\mathbf{x}|\mathbf{z}}) \tag{A.15}$$

mit

$$\boldsymbol{\mu}_{\mathbf{x}|\mathbf{z}} = \boldsymbol{\Sigma}_{\mathbf{x}|\mathbf{z}}(\mathbf{A}^{\mathrm{T}}\boldsymbol{\Sigma}_{\mathbf{z}|\mathbf{x}}^{-1}\mathbf{z} + \boldsymbol{\Sigma}_{\mathbf{x}}^{-1}\boldsymbol{\mu}_{\mathbf{x}})$$

$$\boldsymbol{\Sigma}_{\mathbf{x}|\mathbf{z}} = (\boldsymbol{\Sigma}_{\mathbf{x}}^{-1} + \mathbf{A}^{\mathrm{T}}\boldsymbol{\Sigma}_{\mathbf{z}|\mathbf{x}}^{-1}\mathbf{A})^{-1}.$$

A.3 Das Kalman-Filter

Eine Variante des Bayes-Filters ist das Kalman-Filter (KF), das nach R. E. Kalman benannt ist. Er stellte es 1960 für zeitdiskrete Modelle vor [Kalman 1960] und erweiterte es 1961 für zeitkontinuierliche Modellierungen [Kalman u. Bucy 1961]. Das Filter ermöglicht die rekursive Schätzung der zeitveränderlichen Parameter eines dynamischen Systems auf Grundlage einer Folge von Beobachtungen. Im vorliegenden Kapitel werden die zugrunde liegenden Annahmen zusammengefasst und die wesentlichen Gleichungen vorgestellt. Detaillierte Herleitungen und zusätzliche Erläuterungen sind z. B. in [Maybeck 1979] und [Koch 2001] zu finden.

Das zeitdiskrete lineare Systemmodell in der Zustandsraumdarstellung

$$\mathbf{x}_k = \mathbf{F}_{k-1}\mathbf{x}_{k-1} + \mathbf{G}_{k-1}\mathbf{u}_{k-1} + \mathbf{w}_{k-1} \tag{A.16}$$

beschreibt den Zusammenhang zwischen dem Zustandsvektor $\mathbf{x}_{k-1}$ zum Zeitpunkt t_{k-1} und dem Zustandsvektor $\mathbf{x}_k$ zum Zeitpunkt t_k. Drei Anteile werden dabei unterschieden: Der deterministische Anteil wird in der Transitionsmatrix $\mathbf{F}_{k-1}$ zusammengefasst, während der Einfluss der bekannten Eingangsgrößen $\mathbf{u}_{k-1}$ durch die Eingangsmatrix $\mathbf{G}_{k-1}$ beschrieben wird. Im Allgemeinen weicht dieses Modell vom realen Systems ab. Diese Abweichung wird im

Systemrauschen $\mathbf{w}_{k-1}$ modelliert. Das Systemrauschen besitzt die Kovarianzmatrix $\boldsymbol{\Sigma}_{\mathbf{w},k-1}$ und wird als mittelwertfrei, weiß und gaußverteilt angenommen:

$$\mathbf{w}_{k-1} \sim \mathcal{N}(\mathbf{0}, \boldsymbol{\Sigma}_{\mathbf{w},k-1}) \quad \text{mit} \quad E\{\mathbf{w}_i \mathbf{w}_j^{\mathsf{T}}\} = \mathbf{0} \quad \text{für} \quad i \neq j. \tag{A.17}$$

Der Zusammenhang zwischen dem Zustandsvektor $\mathbf{x}_k$ und der Beobachtung $\hat{\mathbf{z}}_k$ wird im zeitdiskreten, linearen Beobachtungsmodell

$$\hat{\mathbf{z}}_k = \mathbf{H}_k \mathbf{x}_k + \mathbf{v}_k \tag{A.18}$$

beschrieben, wobei die Messmatrix $\mathbf{H}_k$ den deterministischen Anteil dieses Zusammenhangs beschreibt. Das Messrauschen $\mathbf{v}_k$ ist mit dem Systemrauschen unkorreliert. Es besitzt die Kovarianzmatrix $\boldsymbol{\Sigma}_{\mathbf{v},k}$ und wird als mittelwertfrei, weiß und gaußverteilt angenommen:

$$\mathbf{v}_k \sim \mathcal{N}(\mathbf{0}, \boldsymbol{\Sigma}_{\mathbf{v},k}) \quad \text{mit} \quad E\{\mathbf{v}_i \mathbf{v}_j^{\mathsf{T}}\} = \mathbf{0} \quad \text{für} \quad i \neq j \tag{A.19}$$

$$E\{\mathbf{w}_i \mathbf{v}_i^{\mathsf{T}}\} = \mathbf{0}. \tag{A.20}$$

Für das beschriebene lineare System mit gaußverteiltem Rauschen liefert das KF die beste erwartungstreue Schätzung $\hat{\mathbf{x}}$ des unbekannten Systemzustands $\mathbf{x}$. Die Schätzung ist biasfrei und die Kovarianzmatrix des Schätzfehlers ist minimal [Maybeck 1979].

Der Schätzalgorithmus zur rekursiven Schätzung des Systemzustands $\mathbf{x}_k$ wird in zwei Phasen unterteilt und geht von einem initial bekannten Mittelwertvektor $\hat{\mathbf{x}}_{0|0}$ und einer Kovarianzmatrix $\boldsymbol{\Sigma}_{0|0}$ aus:

- **Prädiktionsschritt:** Ausgehend vom Systemmodell in Gleichung (A.16) werden der Mittelwertvektor $\hat{\mathbf{x}}_{k|k-1}$ und die Kovarianzmatrix des Systemzustands $\boldsymbol{\Sigma}_{k|k-1}$ berechnet:

$$\hat{\mathbf{x}}_{k|k-1} = \mathbf{F}_{k-1}\hat{\mathbf{x}}_{k-1|k-1} + \mathbf{G}_{k-1}\mathbf{u}_{k-1} \tag{A.21}$$

$$\boldsymbol{\Sigma}_{k|k-1} = \mathbf{F}_{k-1}\boldsymbol{\Sigma}_{k-1|k-1}\mathbf{F}_{k-1}^{\mathsf{T}} + \boldsymbol{\Sigma}_{\mathbf{w},k-1}. \tag{A.22}$$

- **Innovationsschritt:** Liegt eine Beobachtung $\hat{\mathbf{z}}_k$ vor, wird die prädizierte Schätzung des Systemzustands basierend auf dem Beobachtungsmodell in Gleichung (A.18) aktualisiert:

$$\mathbf{K}_k = \boldsymbol{\Sigma}_{k|k-1}\mathbf{H}_k^{\mathsf{T}}(\mathbf{H}_k\boldsymbol{\Sigma}_{k|k-1}\mathbf{H}_k^{\mathsf{T}} + \boldsymbol{\Sigma}_{\mathbf{v},k})^{-1} \tag{A.23}$$

$$\hat{\mathbf{x}}_{k|k} = \hat{\mathbf{x}}_{k|k-1} + \mathbf{K}_k(\hat{\mathbf{z}}_k - \mathbf{H}_k\hat{\mathbf{x}}_{k|k-1}) \tag{A.24}$$

$$\boldsymbol{\Sigma}_{k|k} = (\mathbf{I} - \mathbf{K}_k\mathbf{H}_k)\boldsymbol{\Sigma}_{k|k-1} \tag{A.25}$$

Liegen anstelle des linearen Systemmodells (A.16) und des linearen Beobachtungsmodells (A.18) nichtlineare Modelle

$$\mathbf{x}_k = \mathbf{f}_{k-1}(\mathbf{x}_{k-1}, \mathbf{u}_{k-1}) + \mathbf{w}_{k-1} \tag{A.26}$$

$$\hat{\mathbf{z}}_k = \mathbf{h}_k(\mathbf{x}_k) + \mathbf{v}_k \tag{A.27}$$

vor, kann das Erweiterte Kalman-Filter (EKF) zur Zustandsschätzung eingesetzt werden. Die Grundidee besteht nun darin, die nichtlinearen Funktionen $\mathbf{f}_{k-1}(.)$ und $\mathbf{h}_k(.)$ um die momentan gültige Schätzung des Mittelwertes $\hat{\mathbf{x}}$ zu linearisieren. Die resultierenden linearisierten Modelle approximieren dann das Systemverhalten in der Nähe dieses Linearisierungspunktes und schaffen die Voraussetzung für den Einsatz des KF. Verursacht durch die Abweichungen zwischen tatsächlichem und linearisiertem Modell, erzielt das EKF, im Gegensatz zum KF, nur suboptimale Lösungen. Es ist jedoch einfach handhabbar und hat sich deshalb in einer Vielzahl von Anwendungen durchgesetzt.

Die Transitionsmatrix $\mathbf{F}_{k-1}$ und die Messmatrix $\mathbf{H}_k$ sind die Jacobi-Matrizen der nichtlinearen Funktionen und ergeben sich gemäß

$$\mathbf{F}_{k-1} = \left.\frac{\partial \mathbf{f}_{k-1}(\mathbf{x}_{k-1}, \mathbf{u}_{k-1})}{\partial \mathbf{x}_{k-1}}\right|_{\mathbf{x}_{k-1}=\hat{\mathbf{x}}_{k-1}} \tag{A.28}$$

$$\mathbf{H}_k = \left.\frac{\partial \mathbf{h}_k(\mathbf{x}_k)}{\partial \mathbf{x}_k}\right|_{\mathbf{x}_k=\hat{\mathbf{x}}_k} \tag{A.29}$$

und werden zur Berechnung der Kalman-Gain-Matrix $\mathbf{K}_k$ in Gleichung (A.23) und zur Aktualisierung der Zustandskovarianzmatrix im Prädiktionsschritt (A.22) und im Innovationsschritt (A.25) verwendet. Zur Aktualisierung des Mittelwertes im Prädiktionsschritt und zur Berechnung des Messresiduums im Innovationsschritt werden jedoch die nichtlinearen Funktionen verwendet:

$$\hat{\mathbf{x}}_{k|k-1} = \mathbf{f}_{k-1}(\hat{\mathbf{x}}_{k-1|k-1}, \mathbf{u}_{k-1}) \tag{A.30}$$

$$\hat{\mathbf{x}}_{k|k} = \hat{\mathbf{x}}_{k|k-1} - \mathbf{K}_k(\hat{\mathbf{z}}_k - \mathbf{h}_k(\hat{\mathbf{x}}_{k|k-1})). \tag{A.31}$$

A.4 Nebenrechnung zur Auswertung der Evidenz

Um den Ausdruck

$$\ln p(\hat{\mathbf{z}}|\mathcal{M}_j) = -N\ln(2\pi) - \frac{1}{2}\ln\Big(\det(\sigma_{\mathbf{x}}^2\mathbf{H}\mathbf{H}^{\mathrm{T}} + \sigma_{\mathbf{z}}^2\mathbf{I}_{2N})\Big)$$
$$- \frac{1}{2}\hat{\mathbf{z}}^{\mathrm{T}}(\sigma_{\mathbf{x}}^2\mathbf{H}\mathbf{H}^{\mathrm{T}} + \sigma_{\mathbf{z}}^2\mathbf{I}_{2N})^{-1}\hat{\mathbf{z}} \tag{A.32}$$

schrittweise zu vereinfachen, wird der Zusammenhang

$$\det(\mathbf{A}\mathbf{B}^{\mathrm{T}} + \mathbf{I}_N) = \det(\mathbf{A}^{\mathrm{T}}\mathbf{B} + \mathbf{I}_M) \tag{A.33}$$

für die Matrizen $\mathbf{A}$ und $\mathbf{B}$ der Dimension $N \times M$ ausgenutzt. Es gilt

$$
\begin{aligned}
\det(\sigma_{\mathbf{x}}^2 \mathbf{H}\mathbf{H}^{\mathrm{T}} + \sigma_{\mathbf{z}}^2 \mathbf{I}_{2N}) &= \det(\sigma_{\mathbf{z}}^2(\sigma_{\mathbf{z}}^{-2}\sigma_{\mathbf{x}}^2 \mathbf{H}\mathbf{H}^{\mathrm{T}} + \mathbf{I}_{2N})) \\
&= \sigma_{\mathbf{z}}^{4N} \det(\sigma_{\mathbf{z}}^{-2}\sigma_{\mathbf{x}}^2 \mathbf{H}\mathbf{H}^{\mathrm{T}} + \mathbf{I}_{2N}) \\
&= \sigma_{\mathbf{z}}^{4N} \det(\sigma_{\mathbf{z}}^{-2}\sigma_{\mathbf{x}}^2 \mathbf{H}^{\mathrm{T}}\mathbf{H} + \mathbf{I}_{2M}) \\
&= \sigma_{\mathbf{z}}^{4N} \det(\sigma_{\mathbf{x}}^2(\sigma_{\mathbf{z}}^{-2}\mathbf{H}^{\mathrm{T}}\mathbf{H} + \sigma_{\mathbf{x}}^{-2}\mathbf{I}_{2M})) \\
&= \sigma_{\mathbf{z}}^{4N}\sigma_{\mathbf{x}}^{4M} \det(\sigma_{\mathbf{z}}^{-2}\mathbf{H}^{\mathrm{T}}\mathbf{H} + \sigma_{\mathbf{x}}^{-2}\mathbf{I}_{2M}) \\
&= \sigma_{\mathbf{z}}^{4N}\sigma_{\mathbf{x}}^{4M} \det(\mathbf{\Sigma}_{\mathbf{x}|\mathbf{z}}^{-1}).
\end{aligned}
\tag{A.34}
$$

Durch Einsetzen von (A.34) vereinfacht sich der zweite Term in Gleichung (A.32) und es folgt:

$$
\begin{aligned}
&-\frac{1}{2}\ln\Big(\det(\sigma_{\mathbf{x}}^2 \mathbf{H}\mathbf{H}^{\mathrm{T}} + \sigma_{\mathbf{z}}^2 \mathbf{I}_{2N})\Big) \\
&= -\frac{1}{2}\ln\Big(\sigma_{\mathbf{z}}^{4N}\sigma_{\mathbf{x}}^{4M} \det(\mathbf{\Sigma}_{\mathbf{x}|\mathbf{z}}^{-1})\Big) \\
&= -N\ln(\sigma_{\mathbf{z}}^2) - M\ln(\sigma_{\mathbf{x}}^2) - \frac{1}{2}\ln\Big(\det(\mathbf{\Sigma}_{\mathbf{x}|\mathbf{z}}^{-1})\Big).
\end{aligned}
\tag{A.35}
$$

Insgesamt ergibt sich somit

$$
\begin{aligned}
\ln p(\hat{\mathbf{z}}|\mathcal{M}_j) = {}& -N\ln(2\pi) - N\ln(\sigma_{\mathbf{z}}^2) - M\ln(\sigma_{\mathbf{x}}^2) - \frac{1}{2}\ln\Big(\det(\mathbf{\Sigma}_{\mathbf{x}|\mathbf{z}}^{-1})\Big) \\
& -\frac{1}{2}\hat{\mathbf{z}}^{\mathrm{T}}(\sigma_{\mathbf{x}}^2 \mathbf{H}\mathbf{H}^{\mathrm{T}} + \sigma_{\mathbf{z}}^2 \mathbf{I}_{2N})^{-1}\hat{\mathbf{z}}.
\end{aligned}
\tag{A.36}
$$

Durch Ausnutzung der Woodbury-Identität [Bishop 2006]

$$(\mathbf{B}\mathbf{D}^{-1}\mathbf{C} + \mathbf{A})^{-1} = -\mathbf{A}^{-1}\mathbf{B}(\mathbf{D} + \mathbf{C}\mathbf{A}^{-1}\mathbf{B})^{-1}\mathbf{C}\mathbf{A}^{-1} + \mathbf{A}^{-1} \tag{A.37}$$

vereinfacht sich der Ausdruck folgendermaßen:

$$
\begin{aligned}
(\sigma_{\mathbf{x}}^2 \, \mathbf{H}\,\mathbf{H}^{\mathrm{T}} &+ \sigma_{\mathbf{z}}^2 \mathbf{I}_{2N})^{-1} \\
&= (\mathbf{H}(\sigma_{\mathbf{x}}^2 \mathbf{I}_{2M})^{-1}\mathbf{H}^{\mathrm{T}} + \sigma_{\mathbf{z}}^2 \mathbf{I}_{2N})^{-1} \\
&= -\sigma_{\mathbf{z}}^{-2}\mathbf{H}(\sigma_{\mathbf{z}}^{-2}\mathbf{H}^{\mathrm{T}}\mathbf{H} + \sigma_{\mathbf{x}}^{-2}\mathbf{I}_{2M})^{-1}\mathbf{H}^{\mathrm{T}}\sigma_{\mathbf{z}}^{-2} + \sigma_{\mathbf{z}}^{-2}\mathbf{I}_{2N} \\
&= -\sigma_{\mathbf{z}}^{-2}\mathbf{H}(\mathbf{\Sigma}_{\mathbf{x}|\mathbf{z}}^{-1})^{-1}\mathbf{H}^{\mathrm{T}}\sigma_{\mathbf{z}}^{-2} + \sigma_{\mathbf{z}}^{-2}\mathbf{I}_{2N} \\
&= -\sigma_{\mathbf{z}}^{-4}\mathbf{H}\mathbf{\Sigma}_{\mathbf{x}|\mathbf{z}}\mathbf{H}^{\mathrm{T}} + \sigma_{\mathbf{z}}^{-2}\mathbf{I}_{2N}.
\end{aligned}
\tag{A.38}
$$

Insgesamt kann der letzte Term in Gleichung (A.40) mit (A.38) dann weiter umgeformt werden:

$$-\frac{1}{2}\,\hat{\mathbf{z}}^{\mathrm{T}}\,(\sigma_{\mathbf{x}}^2\mathbf{H}\mathbf{H}^{\mathrm{T}}+\sigma_{\mathbf{z}}^2\mathbf{I}_{2N})^{-1}\hat{\mathbf{z}}$$

$$=-\frac{1}{2}\hat{\mathbf{z}}^{\mathrm{T}}(-\sigma_{\mathbf{z}}^{-4}\mathbf{H}\boldsymbol{\Sigma}_{\mathbf{x}|\mathbf{z}}\mathbf{H}^{\mathrm{T}}+\sigma_{\mathbf{z}}^{-2}\mathbf{I}_{2N})\hat{\mathbf{z}}$$

$$=\frac{\sigma_{\mathbf{z}}^{-4}}{2}\hat{\mathbf{z}}^{\mathrm{T}}\mathbf{H}\boldsymbol{\Sigma}_{\mathbf{x}|\mathbf{z}}\mathbf{H}^{\mathrm{T}}\hat{\mathbf{z}}-\frac{\sigma_{\mathbf{z}}^{-2}}{2}\hat{\mathbf{z}}^{\mathrm{T}}\hat{\mathbf{z}}$$

$$=\frac{1}{2}\underbrace{(\sigma_{\mathbf{z}}^{-2}\hat{\mathbf{z}}^{\mathrm{T}}\mathbf{H}\boldsymbol{\Sigma}_{\mathbf{x}|\mathbf{z}})}_{\boldsymbol{\mu}_{\mathbf{x}|\mathbf{z}}^{\mathrm{T}}}\boldsymbol{\Sigma}_{\mathbf{x}|\mathbf{z}}^{-1}\underbrace{(\sigma_{\mathbf{z}}^{-2}\boldsymbol{\Sigma}_{\mathbf{x}|\mathbf{z}}\mathbf{H}^{\mathrm{T}}\hat{\mathbf{z}})}_{\boldsymbol{\mu}_{\mathbf{x}|\mathbf{z}}}-\frac{\sigma_{\mathbf{z}}^{-2}}{2}\hat{\mathbf{z}}^{\mathrm{T}}\hat{\mathbf{z}}$$

$$=\frac{1}{2}\boldsymbol{\mu}_{\mathbf{x}|\mathbf{z}}^{\mathrm{T}}\boldsymbol{\Sigma}_{\mathbf{x}|\mathbf{z}}^{-1}\boldsymbol{\mu}_{\mathbf{x}|\mathbf{z}}-\frac{\sigma_{\mathbf{z}}^{-2}}{2}\hat{\mathbf{z}}^{\mathrm{T}}\hat{\mathbf{z}}$$

$$=-\frac{1}{2}(\sigma_{\mathbf{z}}^{-2}\hat{\mathbf{z}}^{\mathrm{T}}\hat{\mathbf{z}}-\boldsymbol{\mu}_{\mathbf{x}|\mathbf{z}}^{\mathrm{T}}\boldsymbol{\Sigma}_{\mathbf{x}|\mathbf{z}}^{-1}\boldsymbol{\mu}_{\mathbf{x}|\mathbf{z}})$$

$$=-\frac{1}{2}(\sigma_{\mathbf{z}}^{-2}\hat{\mathbf{z}}^{\mathrm{T}}\hat{\mathbf{z}}-2\boldsymbol{\mu}_{\mathbf{x}|\mathbf{z}}^{\mathrm{T}}\boldsymbol{\Sigma}_{\mathbf{x}|\mathbf{z}}^{-1}\boldsymbol{\mu}_{\mathbf{x}|\mathbf{z}}+\boldsymbol{\mu}_{\mathbf{x}|\mathbf{z}}^{\mathrm{T}}\boldsymbol{\Sigma}_{\mathbf{x}|\mathbf{z}}^{-1}\boldsymbol{\mu}_{\mathbf{x}|\mathbf{z}})$$

$$=-\frac{1}{2}(\sigma_{\mathbf{z}}^{-2}\hat{\mathbf{z}}^{\mathrm{T}}\hat{\mathbf{z}}-2\sigma_{\mathbf{z}}^{-2}\boldsymbol{\mu}_{\mathbf{x}|\mathbf{z}}^{\mathrm{T}}\mathbf{H}^{\mathrm{T}}\hat{\mathbf{z}}+\boldsymbol{\mu}_{\mathbf{x}|\mathbf{z}}^{\mathrm{T}}(\sigma_{\mathbf{z}}^{-2}\mathbf{H}^{\mathrm{T}}\mathbf{H}+\sigma_{\mathbf{x}}^{-2}\mathbf{I}_{2M})\boldsymbol{\mu}_{\mathbf{x}|\mathbf{z}})$$

$$=-\frac{1}{2}(\sigma_{\mathbf{z}}^{-2}\hat{\mathbf{z}}^{\mathrm{T}}\hat{\mathbf{z}}-2\sigma_{\mathbf{z}}^{-2}\boldsymbol{\mu}_{\mathbf{x}|\mathbf{z}}^{\mathrm{T}}\mathbf{H}^{\mathrm{T}}\hat{\mathbf{z}}+\sigma_{\mathbf{z}}^{-2}\boldsymbol{\mu}_{\mathbf{x}|\mathbf{z}}^{\mathrm{T}}\mathbf{H}^{\mathrm{T}}\mathbf{H}\boldsymbol{\mu}_{\mathbf{x}|\mathbf{z}}+\sigma_{\mathbf{x}}^{-2}\boldsymbol{\mu}_{\mathbf{x}|\mathbf{z}}^{\mathrm{T}}\boldsymbol{\mu}_{\mathbf{x}|\mathbf{z}})$$

$$=-\frac{1}{2}(\sigma_{\mathbf{z}}^{-2}(\hat{\mathbf{z}}-\mathbf{H}\boldsymbol{\mu}_{\mathbf{x}|\mathbf{z}})^{\mathrm{T}}(\hat{\mathbf{z}}-\mathbf{H}\boldsymbol{\mu}_{\mathbf{x}|\mathbf{z}})+\sigma_{\mathbf{x}}^{-2}\boldsymbol{\mu}_{\mathbf{x}|\mathbf{z}}^{\mathrm{T}}\boldsymbol{\mu}_{\mathbf{x}|\mathbf{z}})$$

$$=-\frac{\sigma_{\mathbf{z}}^{-2}}{2}\|\hat{\mathbf{z}}-\mathbf{H}\boldsymbol{\mu}_{\mathbf{x}|\mathbf{z}}\|^2-\frac{\sigma_{\mathbf{x}}^{-2}}{2}\boldsymbol{\mu}_{\mathbf{x}|\mathbf{z}}^{\mathrm{T}}\boldsymbol{\mu}_{\mathbf{x}|\mathbf{z}}. \tag{A.39}$$

Das Einsetzen von (A.39) in Gleichung (A.40) ergibt so direkt:

$$\ln p(\hat{\mathbf{z}}|\mathcal{M}_j)=-N\ln(2\pi)-N\ln(\sigma_{\mathbf{z}}^2)-M\ln(\sigma_{\mathbf{x}}^2)-\frac{1}{2}\ln\Big(\det(\boldsymbol{\Sigma}_{\mathbf{x}|\mathbf{z}}^{-1})\Big)$$

$$-\frac{\sigma_{\mathbf{z}}^{-2}}{2}\|\hat{\mathbf{z}}-\mathbf{H}\boldsymbol{\mu}_{\mathbf{x}|\mathbf{z}}\|^2-\frac{\sigma_{\mathbf{x}}^{-2}}{2}\boldsymbol{\mu}_{\mathbf{x}|\mathbf{z}}^{\mathrm{T}}\boldsymbol{\mu}_{\mathbf{x}|\mathbf{z}}. \tag{A.40}$$

Literaturverzeichnis

EBO

Eisenbahn- Bau- und Betriebsordnung (EBO) 16, 28, 47, 118

RAS 1984

Richtlinien für die Anlage von Straßen, Teil: Linienführung (RAS-L). 1984 14

Agate u. Sullivan 2003

AGATE, C. S. ; SULLIVAN, K. J.: Road-Constrained Target Tracking and Identification using a Particle Filter. In: *SPIE: Signal and Data Processing of Small Targets*, 2003 18, 56

Ahlberg u. a. 1967

AHLBERG, J. H. ; NILSON, E. N. ; WALSH, J. L.: *Mathematics in Science and Engineering.* Bd. 38: *The Theorie of Splines and their Application.* New York : Academic Press, 1967 23

Alspach u. Sorenson 1972

ALSPACH, D. L. ; SORENSON, H. W.: Nonlinear Bayesian Estimation Using Gaussian Sum Approximation. In: *IEEE Transactions on Automatic Control* 17 (1972), S. 439–448 90, 95, 96, 98, 100

Amo u. a. 2006

AMO, M. ; MARTÍNEZ, F. ; TORRE, M.: Road Extraction from Aerial Images using a Region Competition Algorithm. In: *IEEE Transactions on Image Processing* 15 (2006), Nr. 5, S. 1192–1201 5, 6

Atkinson 2002

ATKINSON, K.: Modelling a Road using Spline Interpolation / Department of Computer Science, University of Iowa. 2002. – Forschungsbericht 18

Bailey u. Durrant-Whyte 2006

BAILEY, T. ; DURRANT-WHYTE, H. F.: Simultaneous Localization and Mapping (SLAM): Part 2. In: *IEEE Robotics and Automation Magazine* 2 (2006), S. 108–117 7

Bär 2001

BÄR, C.: *Elementare Differentialgeometrie.* de Gruyter, 2001 12, 16, 26, 59, 65

Bar-Shalom 2000

BAR-SHALOM, Y.: *Multitarget/Multisensor Tracking: Applications and Advances.* Bd. 3. Norwood : Artech House, 2000 90

Bar-Shalom u. Fortmann 1988

BAR-SHALOM, Y. ; FORTMANN, T.: *Tracking and Data Association.* Academic Press, 1988 62, 63

Bar-Shalom u. a. 2001

BAR-SHALOM, Y. ; RONG LI, X. ; KIRUBARAJAN, T.: *Estimation with Applications to Tracking and Navigation: Theory, Algorithms and Software.* John Whiley and Sons, 2001 63, 77, 78, 95, 110

Beisel u. a. 2009

BEISEL, D. ; BECKER, U. ; BÖHRINGER, F. ; GEISTLER, A. ; GERLACH, K. ; GRIMM, M. ; GU, X. ; GUTSCHE, K. ; HASBERG, C. ; HENSEL, S. ; LEMMER, K. ; LÖRCHNER, C. ; MAY, J. ; MEYER ZU HÖRSTE, M. ; PELZ, M. ; POLIAK, J. ; ROSS, R. ; SCHNIEDER, E. ; SCHRÖDER, J. ; STILLER, C.: *Entwicklung eines Demonstrators für Ortungsaufgaben mit Sicherheitsverantwortung im Schienenverkehr.* DLR, 2009. – ISBN 849323797 2, 109, 114

Beutler u. a. 2009

BEUTLER, F. ; HUBER, M. ; HANEBECK, U. D.: Gaussian Filtering using State Decomposition Methods. In: *12. International Conference on Information Fusion,* 2009 58

Bishop 2006

BISHOP, C. ; SCHÖLKOPF (Hrsg.): *Pattern Recognition and Machine Learning.* Information Science and Statistics, 2006 32, 45, 125, 130

Blackman u. Popoli 1999

BLACKMAN, S. ; POPOLI, R.: *Design and Analysis of Modern Tracking Systems.* Artech House, 1999 90

Böhringer 2008

BÖHRINGER, F.: *Schriftenreihe Institut für Mess- und Regelungstechnik.* Bd. Nr. 011: *Gleisselektive Ortung von Schienenfahrzeugen mit bordautonomer Sensorik.* Karlsruhe : Universitätsverlag Karlsruhe, 2008 2, 110

Böhringer u. Geistler 2006

BÖHRINGER, F. ; GEISTLER, A.: Location in railway traffic: Generation of a digital map for secure applications. In: *Computers in Railways X*. Southampton : WIT Press, 2006, S. 459–468 112

Bosse u. a. 2003

BOSSE, M. ; NEWMAN, P. ; SOIKA, M. ; FEITEN, W. ; TELLER, S.: An Atlas Framework for Scalable Mapping. In: *International Conference on Robotics and Automation*, 2003 11

Brunn u. Hanebeck 2005

BRUNN, D. ; HANEBECK, U. D.: A Model-based Framework for optimal Measurements in Machine Tool Calibration. In: *Proceedings of IEEE International Conference of Robotics and Automation*, 2005 33

Brüntrup u. a. 2005

BRÜNTRUP, R. ; EDELKAMP, S. ; JABBAR, S. ; SCHOTZ, B.: Incremental Map Generation with GPS Traces. In: *IEEE Conference on Intelligent Transportation Systems*, 2005 6

Chatila u. Laumond 1985

CHATILA, R. ; LAUMOND, J.-P.: Position Referencing and consistent world modeling for mobile robots. In: *IEEE International Conference on Robotics and Automation*, 1985 11

Chong u. Kleeman 1997

CHONG, K. S. ; KLEEMAN, L.: Large Scale Sonarray Mapping using Multiple Connected Local Maps. In: *International Conference on Field and Servive Robotics*, 1997 11

de Boor 2001

DE BOOR, C. ; MARSDEN, J. E. (Hrsg.) ; SIROVICH, L. (Hrsg.): *A practical guide to splines*. Springer Verlag, 2001 19

Diestel 2006

DIESTEL, R.: *Graphentheorie*. 3. Berlin : Springer, 2006 12

Duda u. a. 2001

DUDA, R. ; HART, P. ; STORK, D.: *Pattern Classification - 2nd edition*. Wiley Interscience, 2001 45

Durrant-Whyte u. Bailey 2006

DURRANT-WHYTE, H. F. ; BAILEY, T.: Simultaneous Localization and Mapping (SLAM): Part 1. In: *IEEE Robotics and Automation Magazine* 2 (2006), S. 99–108 7, 58

Durrant-Whyte u. a. 2003
Kapitel A Bayesian Algorithm for Simultaneous Localization and Map Building. In: DURRANT-WHYTE, H. F. ; MAJUMDER, S. ; THRUN, S. ; BATTISTA, M. ; SCHEDING, S.: *Robotics Research.* Bd. 6/2003. Springer, 2003, S. 49–60 90

Eiter u. Mannila 1994
EITER, T. ; MANNILA, H.: Computing Discrete Fréchet Distance / Christian Doppler Labor für Expertensysteme, Technische Universität Wien. 1994. – Forschungsbericht 27, 79

El Najjar u. Bonnifait 2005
EL NAJJAR, M. E. B. ; BONNIFAIT, P.: A Road-Matching Method for Precise Vehicle Localization Using Belief Theory and Kalman Filtering. In: *Autonomous Robots* 19 (2005), S. 173–191 56

Elfes 1987
ELFES, A.: Sonar-based real-world mapping and navigation. In: *IEEE Transactions on Robotics* 3 (1987), Nr. 3, S. 249–265 11

Engelberg 2001
ENGELBERG, T.: *Geschwindigkeitsmessung von Schienenfahrzeugen mit Wirbelstrom-Sensoren.* Bd. 8, Nr. 896. Düsseldorf : VDI, 2001 114

Farin 2002
FARIN, G. ; PRESS, Academic (Hrsg.): *Curves and Surfaces for CAGD.* Morgan Kaufmann, 2002 18, 19, 20, 25

Farrell u. Barth 1999
FARRELL, J. ; BARTH, M.: *The global positioning system and inertial navigation.* McGraw-Hill, 1999 111

Floater u. Surazhsky 2005
Kapitel Parameterization for curve interpolation. In: FLOATER, M. S. ; SURAZHSKY, T.: *Topics in Multivariate Approximation and Interpolation.* Elsevier B. V., 2005, S. 101–115 26

Fukunaga 1972
FUKUNAGA, K. ; PRESS, Academic (Hrsg.): *Introduction to Statistical Pattern Recognition.* Academic Press, 1972 97

Gamini Dissanayake u. a. 2001
GAMINI DISSANAYAKE, M. W. M. ; NEWMAN, P. ; CLARK, S. ; DURRANT-WHYTE, H. F. ; CSORBA, M.: A Solution to the Simultaneous Localization

and Map Building (SLAM) Problem. In: *IEEE Transactions on Robotics and Automation* 3 (2001), S. 229–241 7, 67, 81, 85

Gebauer u. Pree 2008

GEBAUER, O. ; PREE, W.: Towards autonomously driving trains. In: *Workshop on Research on Transportation Cyber-Physical Systems: Automotive, Aviation and Rail*, 2008 1

Geistler 2007

GEISTLER, A.: *Schriftenreihe Institut für Mess- und Regelungstechnik*. Bd. Nr. 005: *Bordautonome Ortung von Schienenfahrzeugen mit Wirbelstrom-Sensoren*. Karlsruhe : Universitätsverlag Karlsruhe, 2007 2, 114

Gil u. Keren 1997

GIL, J. ; KEREN, D.: New approach to the arc length parameterization problem. In: *13th Spring Conference on Computer Graphics*, 1997, S. 27–34 26

Grewal u. a. 2007

GREWAL, M. S. ; WEILL, L. R. ; ANDREWS, A. P.: *Global Positioning Systems, Inertial Navigation and Integration*. New York : John Wiley & Sons, 2007 111

Guivant u. Katz 2007

GUIVANT, J. E. ; KATZ, R.: Global Urban Localization based on Road Maps. In: *International Conference on Intelligent Robots and Systems*, 2007 91

Guivant u. Nebot 2001

GUIVANT, J. E. ; NEBOT, E. M.: Optimization of the Simultaneous Localization and Map-Building Algorithm for Real-Time Implementation. In: *IEEE Transactions on Robotics and Automation* 17 (2001), S. 242–257 7, 55

Guo u. a. 2007

GUO, T. ; IWARURA, K. ; KOGA, M.: Towards high accuracy road maps generation from massive GPS Traces. In: *IEEE International Geoscience and Remote Sensing Symposium*, 2007 6

Hanebeck u. a. 2008

HANEBECK, U. D. ; BRUNN, D. ; HUBER, M.: *Lokalisierung mobiler Agenten*. Universität Karlsruhe (TH), Institut für Intelligente Sensor-Aktor-Systeme, 2008 4

Hanebeck u. Schrempf 2008

HANEBECK, U. D. ; SCHREMPF, O.: *Stochastische Informationsverarbeitung*. Universität Karlsruhe (TH), Institut für Intelligente Sensor-Aktor-Systeme, 2008 95

Hasberg 2009

HASBERG, C.: Regression with Probabilistic Cubic Splines. In: *Robotics Science and Systems (RSS) Workshop on Regression in Robotics*, 2009 48

Hasberg u. Hensel 2008

HASBERG, C. ; HENSEL, S.: Online Estimation of Road Map Elements using Spline Curves. In: *11. International Conference on Information Fusion*, 2008 33, 45

Hasberg u. Hensel 2009

HASBERG, C. ; HENSEL, S.: Continuous Mapping for Road Map Assisted Localization. In: *12. International Conference on Information Fusion*, 2009 61

Hasberg u. Hensel 2010a

HASBERG, C. ; HENSEL, S.: Bayesian Mapping with Probabilistic Cubic Splines. In: *IEEE International Workshop on Machine Learning for Signal Processing*, 2010 45

Hasberg u. Hensel 2010b

HASBERG, C. ; HENSEL, S.: Geometric Augmentation of Topological Track Atlas for Localization. In: *13. International Conference on Information Fusion*, 2010 12, 114

Hasberg u. a. 2008

HASBERG, C. ; HENSEL, S. ; M., Westenkirchner ; BACH, K.: Integrating Spline Curves in Road Constrained Object Tracking. In: *11. International Conference on Intelligent Transportation Systems*, 2008 57

Hasberg u. a. 2010

HASBERG, C. ; HENSEL, S. ; STILLER, C.: Schritt haltende geometrische Kartierung zur Lokalisierung von Schienenfahrzeugen. In: *Messtechnisches Symposium des Arbeitskreises der Hochschullehrer für Messtechnik e.V. (AHMT)*, 2010 68

Hastie u. a. 2001

HASTIE, T. ; TIBSHIRANI, R. ; FRIEDMAN, J.: *The Elements of Statistical Learning*. Springer, 2001 32, 33

Hensel u. Hasberg 2008

HENSEL, S. ; HASBERG, C.: HMM Based Segmentation of Continuous Eddy Current Sensor Signals. In: *Proc. IEEE International Conference on Intelligent Transportation Systems*, 2008 114

Hensel u. Hasberg 2010

HENSEL, S. ; HASBERG, C.: Probabilistic Lansmark Based Localization of Rail Vehicles in Topological Maps. In: *International Conference on Intelligent Robots and Systems (IROS)*, 2010 91

Hensel 2011

HENSEL, Stefan: *Schriftenreihe Institut für Mess- und Regelungstechnik. Bd. Nr. 017: Wirbelstromsensorbasierte Lokalisierung von Schienenfahrzeugen in topologischen Karten.* Karlsruhe : Universitätsverlag Karlsruhe, 2011 47, 114

Hinton u. Sejnowski 1986

HINTON, G. E. ; SEJNOWSKI, T. J.: *Parallel Distributed Processing.* MIT Press, Cambridge, 1986 49, 86

Huber u. Hanebeck 2008

HUBER, M. ; HANEBECK, U. D.: Gaussian Filter based on Deterministic Sampling for High Quality Nonlinear Estimation. In: *17th IFAC World Congress*, 2008 58

Ito u. Xiong 2000

ITO, K. ; XIONG, K.: Gaussian Filters for Nonlinear Filtering Problems. In: *IEEE Transactions on Automatic Control* 45 (2000), May, Nr. 5, S. 910–927 95

Jenseld u. Kristensen 2001

JENSELD, P. ; KRISTENSEN, S.: Active Global Localization for a Mobile Robot using Multiple Hypothesis Tracking. In: *IEEE Transactions on Robotics and Automation* 17 (2001), S. 748–760 90

Julier u. Durrant-Whyte 2003

JULIER, S. J. ; DURRANT-WHYTE, H. F.: On The Role of Process Models in Autonomous Land Vehicle Navigation Systems. In: *IEEE Transactions on Robotics and Automation* 19 (2003), S. 1–14 62

Julier u. LaViola 2007

JULIER, S. J. ; LAVIOLA, J. J.: On Kalman Filtering with nonlinear equality Constraints. In: *IEEE Transactions on Signal Processing* 55 (2007), S. 2774–2784 56

Julier u. Uhlmann 2004

JULIER, S. J. ; UHLMANN, J. K.: Uncented Filtering and Nonlinear Estimation. In: *Proceedings of the IEEE* 92(3) (2004), S. 401–422 58

Kalman 1960

KALMAN, R. E.: A New Approach to Linear Filtering and Prediction Problems. In: *Transactions of the ASME - Journal of Basic Engineering* Bd. 82, 1960, S. 35–45 127

Kalman u. Bucy 1961

KALMAN, R. E. ; BUCY, R. S.: New Results in Linear Filtering and Prediction Theory. In: *Transactions of the ASME - Journal of Basic Engineering* Bd. 83, 1961, S. 95–107 127

Kiencke u. a. 2005

KIENCKE, U. ; KRONMUELLER, H. ; EGER, R.: *Messtechnik: Systemtheorie fuer Elektrotechniker*. Springer, 2005 22, 35

Kil u. Shin 1996

KIL, D. ; SHIN, F.: *Pattern Recognition and Prediction with Applications to Signal Characterization*. AIP Press, 1996 97

Kirubarajan u. Bar-Shalom 2003

KIRUBARAJAN, T. ; BAR-SHALOM, Y.: Kalman Filter Versus IMM Estimator: When Do We Need the Latter? In: *IEEE Transactions on Aerospace and Electronic Systems* 39 (2003), Nr. 4, S. 1452–1457 63

Kirubarajan u. a. 2000

KIRUBARAJAN, T. ; BAR-SHALOM, Y. ; PATTIPATI, K. R. ; KADAR, I.: Ground Target Tracking with Variable Structure IMM Estimator. In: *IEEE Transactions on Aerospace and Electric Systems* 36 (2000), S. 26–46 18, 90

Knott 2000

KNOTT, G. D.: *Progress in Computer Science and Applied Logic*. Bd. 18: *Interpolating Cubic Splines*. Boston : Birkhaeuser, 2000 18, 19, 32

Koch 2001

KOCH, W.: GMTI Tracking and Information Fusion for Ground Surveillance. In: *SPIE: Signal and Data Processing of Small Targets*, 2001 18, 127

Kwok u. a. 2005

KWOK, N. M. ; DISSANAYAKE, G. ; HA, Q. P.: Bearing-only SLAM Using a SPRT based Gaussian Sum Filter. In: *International Conference on Robotics and Automation*, 2005 90

Lefebvre u. a. 2001
LEFEBVRE, T. ; BRUYNINCKX, H. ; DE SCHUTTER, J.: Kalman Filters for nonlinear systems: a camparison of performace / Department of Mechanical Engeneering, University Leuven, Belgium. 2001. – Forschungsbericht 58

Leonard u. Feder 1999
LEONARD, J. J. ; FEDER, H. J. S.: A Computationally Efficient Method for large-scale Concurrent Mapping and Localization. In: *9th International Symposium on Robotics Research*, 1999 7

Lisien u. a. 2005
LISIEN, B. ; MORALES, D. ; SILVER, D. ; KANTOR, G. ; REKLEITIS, I. ; CHOSET, H.: The Hierachical Atlas. In: *IEEE Transactions on Robotics* 21 (2005), S. 473–481 12

MacKay 2003
MACKAY, D. J. C.: *Information Theory, Inference and Learning Algorithms.* Cambridge University Press, 2003 33, 45, 46, 50

Matas u. Chum 2005
MATAS, J. ; CHUM, O.: Randomized RANSAC with Sequential Probability Ratio Test. In: *International Conference on Computer Vison*, 2005 97

Matthews 2003
MATTHEWS, V.: *Vermessungskunde: Teil 1.* Teuber Verlag, 2003 5

Maybeck 1979
MAYBECK, P. S.: *Mathematics in Science and Engineering.* Bd. 141: *Stochastic Models, Estimation and Control. Bd. 1.* New York : Academic Press, 1979 70, 127, 128

McCall u. Trivedi 2006
MCCALL, Joel C. ; TRIVEDI, Mohan M.: Video-Based Lane Estimation and Tracking for Driver Assistance: Survey, System and Evaluation. In: *IEEE Transactions on Intelligent Transportation Systems* 7 (2006), S. 20–37 123

McGill u. a. 1978
MCGILL, R. ; TUKEY, J. W. ; LARSEN, W. A.: Variations of Box Plots. In: *The American Statistician* 32 (1978), S. 12–16 116

Meyberg u. Vachenauer 2003
MEYBERG, K. ; VACHENAUER, P.: *Höhere Mathematik 1: Differential- und Integralrechnung, Vektor- und Matrizenrechnung.* Springer Verlag, 2003 26

Noda u. Kawaguchi 2000

NODA, H. ; KAWAGUCHI, E.: Adaptive Speaker Identification Using Sequential Probability Ratio Test. In: *15. International Conference on Pattern Recognition*, 2000 97

Norgaard u. a. 2000

NORGAARD, M. ; N. K., Poulsen ; RAVN, O.: New developments in state estimation for nonlinear systems. In: *Automatica* 36 (2000), S. 1627–1638 58

ONeil 2001

ONEIL, S. D.: Estimating Road Networks using archived GMTI Data. In: *IEEE International Aerospace Conference*, 2001 6

Pachl 1999

PACHL, J.: *Systemtechnik des Schienenverkehrs*. Stuttgart/Leipzig : Teubner, 1999 1

Pannetier u. a. 2005

PANNETIER, B. ; BENAMEUR, K. ; NIMIER, V. ; ROMBAUT, M.: VS-IMM using Road Map Information for a Ground Target Tracking. In: *8. International Conference on Information Fusion*, 2005 18, 56

Pedraza u. a. 2007

PEDRAZA, L. ; DISSANAYAKE, G. ; MIRÓ VALLS, J. ; RODRIGUEZ-LOSADA, D. ; MATÍA, F.: BS-SLAM: Shaping the World. In: *Robotics: Science and Systems*, 2007 7

Pedraza u. a. 2009

PEDRAZA, L. ; RODRIGUEZ-LOSADA, D. ; MATÍA, F. ; DISSANAYAKE, G. ; MIRÓ, J.V.: Extending the Linits of Feature-Based SLAM with B-Splines. In: *IEEE Transactions on Robotics* 25/2 (2009), S. 353–366 7

Piniés u. Tardos 2007

PINIÉS, P. ; TARDOS, J. D.: Scalable SLAM building Conditionally Independent Local Maps. In: *IEEE/RSJ International Conference on Intelligent Robots and Systems*, 2007 7

Quddus u. a. 2007

QUDDUS, M. A. ; OCHIENG, W. Y. ; NOLAND, R. B.: Current map-matching Algorithms for transport application: State-of-the art and future research directions. In: *Transportation Research Part C* 15 (2007), Nr. 5, S. 312–328 56

Rasmussen u. Williams 2006
RASMUSSEN, C. E. ; WILLIAMS, K. I.: *Gaussian Processes for Machine Learning*. MIT Press, 2006 32, 47

Reinsch 1967
REINSCH, C. H.: Smoothing by Spline Functions. In: *Numerische Methematik* 10 (1967), S. 177–183 31

Rogers 2000
ROGERS, S.: Creating and Evaluating Highly Accurate Maps with Probe Vehicles. In: *International Conference on Intelligent Transportation Systems*, 2000 6

Ross 2010
ROSS, R.: Vision-Based Track Estimation and Turnout Detection Using Recursive Estimation. In: *13. International Conference on Intelligent Transportation Systems*, 2010 114, 123

Roumeliotis u. Bekey 2000
ROUMELIOTIS, S. ; BEKEY, G.: Bayesian Estimation and Kalman Filtering: A unified framework for Mobile Robot Localization. In: *International Conference on Robotics and Automation*, 2000 90

Schoenberg 1946
SCHOENBERG, I. J.: Contributions to the Problem of Approximation of Equidistant Data by Analytic Functions. In: *Quart. Applied Mathematics* 4 (1946), S. 45–141 18

Schoenberg u. a. 2009
SCHOENBERG, J. R. ; CANPBELL, M. ; MILLER, I.: Localization with Multi-Modal Vision Measurements in Limited GPS Environments Using Gaussian Sum Filters. In: *International Conference on Robotics and Automation*, 2009 90

Schramm 1962
SCHRAMM, G.: *Der Gleisbogen*. Otto Elsner Verlag, 1962 16, 17

Schwarz 1978
SCHWARZ, G.: Estimating the Dimension of a Model. In: *The Annals of Statistics* 6 (1978), Nr. 2, S. 461–464 32

Simhon u. Dudek 1998
SIMHON, S. ; DUDEK, G.: A Global Topological Map formed by Local Metric Maps. In: *International Conference on Intelligent Robots and Systems*, 1998 11

Simon 2006

SIMON, Dan: *Optimal State Estimation: Kalman, H Infinity, and Nonlinear Approaches.* Wiley, 2006 58

Sklarz u. a. 2008

SKLARZ, S. E. ; NOVOSELSKY, A. ; DORFAN, M.: Incremental Fusion of GMTI Tracks for Road Map Estimation. In: *11. International Conference on Information Fusion*, 2008 6

Skog u. Händel 2009

SKOG, I. ; HÄNDEL, P.: In-Car Positioning and Navigation Technologies - A Survey. In: *IEEE Transactions on Intelligent Transportation Systems* 10 (2009), S. 4–21 2, 110

Smith u. a. 1987

SMITH, R. ; SELF, M. ; CHEESEMAN, P.: A Stochastic Map for Uncertain Spatial Relationships. In: *Fourth International Symposium of Robotics Research*, 1987 6

Song u. a. 2009

SONG, W. ; KELLER, J. M. ; HAITHCOAT, T. L. ; DAVIS, C. H.: Automated Geospacial Conflation of Vector Road Maps to High Resolution Imagery. In: *IEEE Transactions on Image Processing* 18 (2009), Nr. 2, S. 388–400 5

Sorenson u. Alspach 1971

SORENSON, H. W. ; ALSPACH, D. L.: Recursive Bayesian Estimation using Gaussian Sums. In: *Automatica* 7 (1971), S. 465–479 89, 95

Stoica u. Selen 2004

STOICA, P. ; SELEN, Y.: Model-Order Selection. In: *IEEE Signal Processing Magazine* 4 (2004), S. 36–47 32, 50

Strang u. a. 2006

STRANG, T. ; MEYER ZU HOERSTE, M. ; GU, X.: A railway collision avoidance system exploiting ad-hoc inter-vehicle communication and galileo. In: *Congress on Intelligent Transportation Systems and Services*, 2006 1

Strauss u. a. 2009

STRAUSS, T. ; HASBERG, C. ; HENSEL, S.: Correlation based Velocity Estimation during Acceleration Phases with Application in Rail Vehicles . In: *IEEE Workshop on Statistical Signal Processing*, 2009 114

Thrun u. a. 2005

THRUN, S. ; BURGARD, W. ; FOX, D.: *Probabilistic Robotics.* Cambridge : The MIT Press, 2005 1, 7, 31, 81, 91, 95, 105

Thrun 2003

THRUN, Sebastian: Robotic Mapping: A Survey. In: *Exploring Artificial Intelligence in the New Millenium* (2003) 11

Titterton u. Weston 2004

TITTERTON, D. H. ; WESTON, J. L.: *Strapdown Inertial Navigation Technology*. Bd. 207. 2. Reston : American Institute of Aeronautics and Astronautics, 2004 111

Tully u. a. 2007

TULLY, S. ; MOON, H. ; MORALES, D. ; KANTOR, G. ; CHOSET, H.: Hybrid Localization using the Hierachical Atlas. In: *Proceedings of IEEE/RJS International Conference on Intelligent Robots and Systems*, 2007 12

Ulmke u. Koch 2006a

ULMKE, M. ; KOCH, W.: Road-Map Assisted Ground Moving Target Tracking. In: *IEEE Transactions on Aerospace and Electric Systems* 42 (2006), S. 1264–1274 57

Ulmke u. Koch 2006b

ULMKE, M. ; KOCH, W.: Road Map Extraction using GMTI Tracking. In: *9. International Conference on Information Fusion*, 2006 6

Wahba 1990

WAHBA, G.: *Spline Models for Observational Data.* SIAM Society for Industrial and Applied Mathematics, 1990 32

Wald 1947

WALD, A.: *Sequential Analysis.* Wiley, 1947 97

Wendel 2007

WENDEL, J.: *Integrierte Navigationssysteme: Sensordatenfusion, GPS und Inertiale Navigation.* München : Oldenbourg, 2007 110

Werner 1992

WERNER, J.: *Numerische Mathematik 1: Lineare und nichtlineare Gleichungssysteme, Interpolation, numerische Integration.* Braunschweig : Vieweg, 1992 22, 35

Yang u. a. 2005

YANG, C. ; BAKICH, M. ; BLASCH, E.: Nonlinear Constrained Tracking of Targets on Roads. In: *International Conference on Information Fusion*, 2005 57

Yang u. Blasch 2006

> YANG, C. ; BLASCH, E.: Kalman Filtering with Nonlinear State Constraints. In: *International Conference on Information Fusion*, 2006 56

Yu u. Deng 2009

> YU, D. ; DENG, L.: Solving Nonlinear Estimation Problems Using Splines. In: *IEEE Signal Processing Magazine* (2009), S. 86–90 33

Zhang 2005

> ZHANG, Fuzhen ; BREZINSKI, Claude (Hrsg.): *Numerical Methods and Algorithms*. Bd. 4: *The Schur Complement and its Applications*. Springer, 2005 126

Zurmühl 1964

> ZURMÜHL, R.: *Matrizen und ihre technische Anwendung*. Springer, 1964 85

**Schriftenreihe
Institut für Mess- und Regelungstechnik
Karlsruher Institut für Technologie
(1613-4214)**

Die Bände sind unter www.ksp.kit.edu als PDF frei verfügbar oder als
Druckausgabe bestellbar.

Band 001 Hans, Annegret
      Entwicklung eines Inline-Viskosimeters auf Basis eines
      magnetisch-induktiven Durchflussmessers. 2004
      ISBN 3-937300-02-3

Band 002 Heizmann, Michael
      Auswertung von forensischen Riefenspuren mittels
      automatischer Sichtprüfung. 2004
      ISBN 3-937300-05-8

Band 003 Herbst, Jürgen
      Zerstörungsfreie Prüfung von Abwasserkanälen mit
      Klopfschall. 2004
      ISBN 3-937300-23-6

Band 004 Kammel, Sören
      Deflektometrische Untersuchung spiegelnd
      reflektierender Freiformflächen. 2005
      ISBN 3-937300-28-7

Band 005 Geistler, Alexander
      Bordautonome Ortung von Schienenfahrzeugen mit
      Wirbelstrom-Sensoren. 2007
      ISBN 978-3-86644-123-1

Band 006 Horn, Jan
      Zweidimensionale Geschwindigkeitsmessung
      texturierter Oberflächen mit flächenhaften
      bildgebenden Sensoren. 2007
      ISBN 978-3-86644-076-0

Band 007   Hoffmann, Christian
Fahrzeugdetektion durch Fusion monoskopischer
Videomerkmale. 2007
ISBN 978-3-86644-139-2

Band 008   Dang, Thao
Kontinuierliche Selbstkalibrierung von Stereokameras.
2007
ISBN 978-3-86644-164-4

Band 009   Kapp, Andreas
Ein Beitrag zur Verbesserung und Erweiterung der
Lidar-Signalverarbeitung für Fahrzeuge. 2007
ISBN 978-3-86644-174-3

Band 010   Horbach, Jan
Verfahren zur optischen 3D-Vermessung spiegelnder
Oberflächen. 2008
ISBN 978-3-86644-202-3

Band 011   Böhringer, Frank
Gleisselektive Ortung von Schienenfahrzeugen mit
bordautonomer Sensorik. 2008
ISBN 978-3-86644-196-5

Band 012   Xin, Binjian
Auswertung und Charakterisierung dreidimensionaler
Messdaten technischer Oberflächen mit Riefentexturen.
2009
ISBN 978-3-86644-326-6

Band 013   Cech, Markus
Fahrspurschätzung aus monokularen Bildfolgen für
innerstädtische Fahrerassistenzanwendungen. 2009
ISBN 978-3-86644-351-8

Band 014   Speck, Christoph
Automatisierte Auswertung forensischer Spuren auf
Patronenhülsen. 2009
ISBN 978-3-86644-365-5

Band 015   Bachmann, Alexander
Dichte Objektsegmentierung in Stereobildfolgen. 2010
ISBN 978-3-86644-541-3